U0003300

空間配色 500

設計師不傳的 私房秘技

INDEX

CONTENTS

01

材料色

圖片提供 © 巢空間設計

圖片提供 © 石坊空間設計研究

在一個空間中，往往混合了不同質感的建築材料，交織組成環境裡的配色方案，突顯空間特色，色彩與材質之間也可以創造不同的視覺感受。材料與質感交替對光做出反應，進而建構了空間環境的色調，且於光線影響下，更能刻劃出材料色與其展現視覺或觸覺特質的紋理。

001+002 冷暖材質色調的平衡營造溫度感

材料本身即有所謂的冷暖調性，像是木素材質地溫和、紋理豐富，給人溫暖放鬆的感覺，而水泥或光滑的磁磚、大理石材質則顯得冰冷，當空間出現過多冷調材質時，可以適時加入木素材中和冷冽調性，為空間增添溫度感。

003

圖片提供 © 石坊空間設計研究

003 自然光源突顯冷暖材質肌理色澤變化

光在材料色的運用中，多半會選以自然光來做映襯，藉由天然光源賦予冷暖材質更鮮明的特色表現，
一來透過自然的加乘，能再次突顯材質特色肌理與色澤，二來自然光因時間起落有其自身特色，投射
材質上又能隨變化增添營造不同層次。

004 異材質拼貼的對比與延續，
帶出空間調性

運用多元材料建構空間時，可以不同
色調的異材質做出色調對比，鋪敘空
間色彩多變性，也能以統一的色調作
出發，讓不同材質為環境創造一氣呵
成的延續視覺感受。

004

圖片提供 © 石坊空間設計研究

圖片提供 © 澄橙設計

005 不同的白，透過材質變化產生趣味與溫度

客、餐廳、書房採開放式空間規劃，利用主牆設計界定不同空間機能。客廳與書房為大面積的白，透過粗糙的文化石與平滑漆面、白沙發讓視覺產生變化，令白色為主的居家空間，有了紋理、溫度與更多的生活感。

TIPS〉以百合白漆為基調，配襯書房文化石、白色沙發，輔以木紋與黑板漆點綴，利用材質不同讓輕淺色有著不一樣的視覺變化。

006

圖片提供 © 巢空間室內設計

圖片提供 ©KC design studio 均漢設計

006 淺木紋搭白基底，訴說暖調氛圍

純白天花與白色文化石，搭上溫潤原色質地木紋磚鋪排，以單純材質原色為空間打底，營造客廳上輕下重的明亮溫馨空間感，同時也讓這些基本原色，成為襯托繽紛色彩元素的最佳背景色調。

TIPS〉設計師透過一小面白色文化石的粗獷紋理，在一片純白平滑的塗裝天花及壁面中，增添立面視覺層次。

007 清爽材質色全然顛覆無光黯淡的空間

處於公寓低樓層的中古屋，僅有面對巷道的窗戶能透進自然光，裝潢前空間總是昏暗莫名，然而設計師依採光面重新佈局，淡色樺木隔牆立櫃與層次分明的木地板打造空間主體，綠色植栽畫龍點睛，與立面底端藍白餐廚空間創造相得益彰的輕盈生活況味。

TIPS〉嫩綠盆栽與深藍沙發成為空間中的跳色體，在自然光線的援引下，室內層次更顯分明。

圖片提供 © 森境 & 王俊宏室內裝修設計工程

008 如日般和煦的自然木屋餐廳

特別挑選木紋理輕柔淡雅、質感細膩的木皮來取代單調的牆面漆色，搭配木作的細節，讓用餐的空間滿溢著自然的清爽氣息，同時也有人文的工藝之美。而與之對應的餐桌與地板則採用光面大理石，可讓整個用餐空間更顯光潔清雅。

TIPS〉在細緻的木牆上，以自然植物為主題的白色立體浮雕在牆面上具有跳色與聚焦的效果，讓空間更活潑。

009

圖片提供 ⓒ 禾光室內裝修設計

009 原始素材回歸簡單生活本質

玄關入口以橫向雙面櫃解決採光與機能問題，選搭原始的素材，文化石映襯復古磚的懷舊色彩緩和了返家人的心情，原木色系的木皮經過多層鋼刷，更顯出純樸感，座椅則選用磁磚花色內也有的古樸藍色調，延續整體玄關的氛圍。

TIPS〉櫃體與天花板之間以及吊櫃下方安排照明設計，除了讓高櫃有輕盈的視覺效果，也烘托出細膩質感。

010 淺色木皮襯托黑板漆，前後錯落拉出景深

與客廳無實牆間隔的玄關過道，由深色黑板漆轉換為木色天花、壁面，同時大膽畫出斜線溝縫，模糊天壁交界，巧妙暗藏客廁與臥房。設計師選擇在客廳使用傻的鋼石、玄關仿石地磚、到客廁方型磚，用材質與色彩的過渡達到區別空間機能效果。

TIPS〉木皮從壁面延伸天花，搭配入口處的黑色黑板磁性漆、淺色地坪，深淺對比立刻讓單一平面前後錯落、拉出立體景深。

010

011 木紋遇見花磚，塑造趣意盎然的生活風景

僅 22 坪的中小房型，透過材質色彩與紋理的搭配變化，有了放大的視覺效果。設計師在唯一面光的窗檯空間中，以灰白花磚界定場域，與花磚壁壘分明的胡桃木地坪則帶進空間主體，用色彩與材質成功描繪寫意的生活動線。

TIPS〉素淨的白色木櫃與綠色植栽烘托出輕鬆閒靜的窗影氛圍，同時引光入室。

圖片提供 ⓒ 璞沃空間 /PURO SPACE

011

圖片提供 ⓒ KC design studio 均漢設計

012 用松木紋理訴説關於空間的故事

宇宙中色彩萬紫千紅，總有無窮的變化，
這裡設計師不玩配色，而是運用材質紋理
的選搭，創造空間更有趣的美感。以不規
則松木拼接出的電視主牆，串聯起與原木
餐桌的木質肌理，更與客廳嫩黃造型沙發
遙相呼應，形塑空間中充滿跳躍感的視覺
焦點。

TIPS〉 以木材為軸心向外串接，不論是色
彩、材質紋理還是軟裝，只要點綫面的相互
對應，就是最佳的選搭邏輯。

012

圖片提供 ⓒ 方構制作空間設計

圖片提供 ⓒ 日作空間設計

013 相近木質色調醞釀簡約溫暖氛圍

空間設計的起源來自屋主嚮往的無拘自在生活，於是客廳選用榻榻米材料，
以此為延伸發想，擷取相近自然色系構成走道底端的格子實木門、中島與
電視櫃體為橡木貼皮，帶有些許白色紋理的木地板則是對應餐桌色調，為
木頭色串聯起美好的和諧。

TIPS〉灰白色系作為木頭色的調和，看似白色的廚櫃，實則具有淡淡的木紋，
相較亮面烤漆質地更為耐看，也能在光影的渲染下產生豐富的層次變化。

圖片提供 © 日作空間設計

圖片提供 © KC design studio 均漢設計

圖片提供 © 禾光室內裝修設計

014 異材質地坪重新界定生活動線

回應屋主希冀的成熟穩重氛圍，公共廳區特意挑選煙燻處理過的橡木鋪設，玄關、廚房所搭配的深黑地磚則是隱喻動線引導，更賦予好清潔整理的意義，同時也讓黑色串聯成為廚具、中島檯面，藉由整合的色塊計畫，拉闊空間尺度。

TIPS〉廚具面板以木皮染黑處理，盡可能地趨近地磚色系，甚至將橡木地板延伸做為大門立面材料，傢具同樣依循著木地板色選搭，更具整體感。

015 三種紋理陳述溫馨自然的童稚氛圍

7 坪大孩童房，既要保留家中自然沉穩的氛圍，又需要創造屬於孩童的活潑氣質。白色木櫥櫃延伸至天花成為空間明亮帶，搭配低調牆面與訂製的木地板，紋理相互呼應，透過材質的拼接，打造出多元豐富的空間視覺。

TIPS〉採用多種木材拼接成的箭型紋地板與部分天花，為空間中帶來多元變化，也創造出活潑而和諧的律動感。

016 草木綠打造清新療癒宅

兩人兩喵的新婚宅，公共空間以開放式設計為主，半高牆面創造相互穿透的延續性，也讓光線能自由流動，牆面為栓木實木皮噴草木綠色，搭配原木色系的餐桌椅，以大自然森林為配色概念，營造出清新療癒的北歐氛圍。

TIPS〉地板為灰色系的橡木紋，搭配同色系沙發及綠色抱枕，串聯整體大自然配色主軸。

017

圖片提供 ⓒ 子境空間設計

017 濃濃工業風中的優雅調色

由於屋主著迷於工業風設計中個性、粗獷的質感，因此空間中的陳設無不展現十足 loft 隨性品味，客廳天花以同色調不同色階的異材質拼接，創造場域層次，與沙發、軟件相互呼應，整體空間沉穩中展現無比細緻的個性紋理。

TIPS〉異材質天花混搭風管、軌道燈，演繹出個性化的工業風格，妥善運用光源與建材，則能梳理生硬的線條，提升居家溫馨暖度。

018

圖片提供 ⓒ 新澄設計

018 實木與不鏽鋼混搭，融合出全新 loft 風森林系交誼場域

實木斜頂天花、不鏽鋼櫥櫃與灰色文化磚等建材混搭，讓隨性的森林小屋風格餐廳多了幾分 loft 粗獷，非但不顯違和、反而更加自然無壓！成功打造屋主衷心期盼的聚餐交誼場域。

TIPS〉用木作與不鏽鋼、灰色壁磚勾勒空間輪廓，配搭仿舊藍白單椅、橘色沙發跳色，打造輕鬆寫意的森林小屋情調。

019

圖片提供 ⓒ 奇逸空間設計

019 香檳金 mini bar、大理石紋營造飯店風套房

傢具選擇深灰、咖啡色系，使其恰如其分地扮演配角角色，同時降低量體存在感、拉闊空間尺度。雕刻白大理石紋從玄關地坪蔓延至客廳壁面、多功能檯面，不切齊機能場域交界，模糊空間與空間界線，達到延伸、放大效果。

TIPS〉大理石紋路搭上香檳金鏡櫃組合，輔以低調灰沙發、木地坪，令 9 坪住家頓時變身高級飯店套房。

圖片提供©KC design studio 均漢設計

021

圖片提供©KC design studio 均漢設計

020+021 以自然素材演繹純淨生活
Lifestyle

比起五顏六色的繽紛視感，材質的天然原色反而更能展現居家中質樸無為的本質。設計師摒除了多餘色彩，運用材質賦予家新的面貌，磚紅色陶磚天花帶出了空間中復古質感，略帶深淺層次的壁面搭配類水泥地板，表現粗獷而不粗糙，營造出毫不矯釋的自然家居。

TIPS〉略帶灰褐的壁面是由義大利特殊塗料粉刷而成，能創造出深淺層次的自然紋理。

013

022 簡約灰調客廳，詮釋紳士的優雅

客廳空間採以大面灰色仿清水模做背牆，並妝點溫煦的木地板與木皮，營造簡約而具深度的人文品味。牆面邊角處以銀色不鏽鋼金屬修飾，帶出些許工業感的氣息，而咖啡色皮革單椅則呼應了木色暖調，充滿著雅痞的味道。

TIPS 〉空間同時挹注深沉的黑，強化立體感，但透過優雅線條呈現，呈現於畫作、立燈、圓桌等地方，讓黑色顯得柔潤不生硬。

圖片提供 © 禾觀空間設計

圖片提供 ©HATCH Interior Design Co. 合砌設計有限公司

024

023 掌握全室木質色彩與紋理的一致性

窗邊以鋼刷木皮重新打造出一側書櫃與臥榻，在自然光的輕撫下，使得木質肌理觸感更鮮明，並與手刮木地板的觸感、深淺色調做出呼應，讓空間的木頭色系維持一致性。

TIPS〉避免空間視覺凌亂，木質色調與材質控制在 1～2 種，捨棄平滑的木貼皮，全採用刻劃紋理的木皮質地，在空間相互幫襯。

024 明亮具有穩重感，深淺比例的完美調度

以白色壁面對應天花，深灰牆面則呼應灰藍沙發，木色運用於地面及電視牆與櫃體上，並妝點少許的黑色強化立體度，無論深色或淺色，皆在各位置上相互對話，平衡冷暖度，保有穩重氣度，構成平衡的視野。

TIPS〉讓白色、淺木色佔去大部分比例，深灰與黑色等則酌量妝點，在精準的色彩比例調度下，維持敞亮的空間觀感。

025

025 仿清水模搭接木皮，建構溫煦情境

餐區兼具接待親友的交誼意義，以清爽底蘊呈現，讓使用者成為空間主角，在配置淺色的人造石大中島，牆面則採用染色橡木皮拼接仿清水模建材，透過冷暖色的交融，不僅締造溫樸的牆面表情，也間接弱化櫃門線條的存在感。

TIPS〉素樸色調雖清爽無壓，卻也容易顯得無趣，於是以綠意植栽與鏡面妝點亮視覺，帶出餐桌上的盎然生機。

圖片提供 © 一水一木設計有限公司

026 灰黑色調，鋪陳沉靜氛圍與寬綽氣度

在偌大的電視主牆上選用灰黑色調的壁磚，藉其沉穩色調讓開放格局的空間更具安定感，搭配橫向的壁磚紋理與鍍鋅黑鐵層板則具有梳理視覺的效果，同時也與電視音響設備呼應，增顯設備質感。

TIPS〉電視牆下方地板採用灰色、低彩度的杜拜進口地磚銜接橡木超耐磨木地板，醞釀大器與安靜感。

027 仿水泥漆色為居家增添自然素顏

客廳內俐落地以仿水泥漆的電視主牆面，深色橡木地板以及沙發後端的黑色砂漆牆櫃作為色彩主軸，簡單的素顏色調讓空間充滿現代簡約美感，同時讓陽台的植生柱更為吸睛，由內而外構織出優雅自然素顏。

TIPS〉設計師特別在電視牆下方配置白色大理石檯面與黑鐵層板，除可置物外，也提升質感及明亮感。

圖片提供 © 一水一木設計有限公司

028 以灰階創造寧靜的空間層次

灰色雖被歸為無色彩之列，但其實可以變化出非常多的色階，從水泥板的灰色櫃門、霧灰石材牆面、灰黑色石材中島桌面、木質黑色餐桌，再到灰色石英磚……，讓看似單純的灰色空間也可以有更多層次感。

TIPS〉自然光是灰色最佳影伴，跟著晨昏光線移轉，不同材質的灰色也因反光度不一反饋為豐富質感。

028

圖片提供 © 森境 & 王俊宏室內裝修設計工程

029 水泥粉光搭配粗獷木色，用建築語彙詮釋新居

30 年老屋重新改造成引風入室簡約宅邸，透過建材本身特性大面積鋪陳，打造粗獷低調的視覺感受，例如壁面水泥粉光、天花水泥板、特別挑選自木地板加工廠的板材剩料與 V 型生鐵管，搭配裸露電箱，用濃濃建築語彙對室內設計作出全新詮釋。

TIPS〉客廳空間運用大範圍水泥粉光及水泥板、表面未經處理的木地板與 V 型黑色生鐵管，營造粗獷建築風格。

029

圖片提供 © 新澄設計

圖片提供 © 奇逸空間設計

030 簡化建材，黑、白、灰組構視覺連貫住家

清水模漆、優的鋼石搭配鐵件、工型鋼，描繪出灰、白、黑冷調住家空間。特意減少使用素材與塗料的無接縫特性，令畫面更加乾淨，尤其室內樑身與壁面皆以灰色塊包覆、弱化大樑存在感，讓視覺連貫，空間更加開闊無壓。

TIPS〉白天花在清水模灰色塊、手抹淺色地坪包圍下，只保留黑色工字鋼上光源，凸顯輕盈無壓質地。

031 黑、白石材風格對比，描繪沉穩內斂表情

開放式客、餐廳由黑白根仿古大理石、深色木格柵與石材面系統板組構而成。利用木作的裁切線條、石材的不規則紋理以及與生俱來的華貴感，令低調內斂、沒有多餘裝飾的住家公共領域更多了幾分自然風情。

TIPS〉黑白根石材配襯仿卡拉拉白大理石系統板，用黑與白凝聚視覺焦點，再輔以深色木格柵穩定重心，勾勒住家沉穩表情。

圖片提供 © 新澄設計

032 鵝黃主人椅點亮建築風無色空間

以北歐 villa 為發想起源，大塊的灰水泥磁磚鋪陳地、壁，用材質模擬建築延伸室內的低調、無裝飾氛圍。牆面內嵌燈管作側面光源輔助，填補低樓層住家所剩無幾的自然採光；壁面嵌燈線條亦呼應了天花切割縫隙，增添空間科技、現代感受。

TIPS〉在大面積灰、白無色場域中，設置鮮亮的鵝黃色主人椅作為空間亮點，起了聚焦用途。

032

圖片提供 © 新澄設計

033 多色大理石編織磅礴氣勢的石毯

在格局壯闊的大廳中，除了以列柱造勢，牆面與地板的大理石材同樣讓人感受尊貴而過人的氣場，然而，整個空間中最為吸睛的卻是走道上以四色大理石材拼花「編織」成的石毯，透過色彩運用搭配讓石材工藝獲得極致表現。

TIPS 〉在眾多石材的空間中，設計師特別在其間穿插茶色玻璃的柱體與櫥櫃，讓空間帶點穿透與輕盈感。

033

圖片提供 © 森境＆王俊宏室內裝修設計工程

034

圖片提供 ⓒ 方構制作空間設計

035

圖片提供 ⓒ 方構制作空間設計

034+035 剔透、晶瑩 新冷調北歐現代家居

想要打造清爽清透的空間，白色的運用就顯得格外重要。在這個案例中，設計師運用灰、白錯落的石紋磚搭起餐廳牆面、晶透的天花鏡面玻璃與淨透窗紗，讓空間中的白充滿層次，搭配嫩綠餐椅、深灰沙發作跳色點綴，看似簡單的佈局，卻能令人回味無窮。

TIPS〉 天花板上的主樑結構經常是空間壓力的原凶，設計師在此則透過鏡面玻璃化解壓迫感，晶透感也有放大空間的效果。

036

圖片提供 ⓒ 璞沃空間 /PURO SPACE

036 泛白色整合，凸顯異材質細膩微表情

以油漆、木地板、文化石、木飾板等鋪陳的客廳，運用泛白色統一視覺，令空間背景呈現獨特的輕盈、涼爽氛圍；而異材質所帶來的獨特紋理，更賦予公共場域讓人百看不膩的細緻微表情。

TIPS〉傳承自爺爺的圈椅老件、木色茶几，搭配綠意盎然的闊葉盆栽，利用濃厚色調傢具抓回大範圍泛白色調的視覺重心。

037

圖片提供 ⓒ KC design studio 均漢設計

037 材質混搭營造零裝感快意生活

裸去房子中該有的胭脂紅粉，空間還剩下什麼？本案中設計師降低了所有彩度，以近乎裸裝的手法還原居家該有的純粹質感，水泥粉光牆面與不同色階的淡白杉木櫃看以無為，卻埋下原木材質中最清透自然的生活調性。

TIPS〉花磚地坪與軟裝櫃體為視覺帶來沈穩的重量，水泥牆面則充分凸顯材質中的木紋肌理與花磚的線條美感。

038

圖片提供 ⓒ 一水一木設計有限公司

038 以建材光反應製造灰階變化，凸顯細膩感

水泥粉光的電視主牆具有吸光的質，能為空間創造出安適純淨的色彩感；而石英石地磚則具有反光的明亮效果，為居家增添光潔美感，設計師在牆與地面運用同樣的灰階色彩，但光反應截然不同的材質，讓灰色空間變得生動且有細膩的變化性。

TIPS〉黑色鐵件的層板線條在灰階的牆面與地面中，顯得俐落而有強度美感，也讓視覺有了聚焦處。

039

圖片提供 © 甘納空間設計

039+040 簡約灰階揉合鍍鈦提升質感

與親朋好友共享的休憩居所，設計師將空間回歸自然低調狀態，以黑、灰、木色為串聯，因而選搭仿古面大理石材，搭配鐵件噴灰階處理，並特別於材質收邊處使用鍍鈦，襯托精緻質感。

TIPS〉在黑灰基調下，選搭酒紅色皮革吧檯椅，賦予跳色的畫龍點睛效果，皮革質感亦與石材、鍍鈦更為協調融合。

040

圖片提供 © 甘納空間設計

041

圖片提供 ⓒ 璞沃空間 /PURO SPACE

041 灰綠陪襯重色木傢具，打造全新驚豔玄關畫面

玄關以帶點復古感的優雅淺灰綠鋪陳背牆，拼貼木質矮桌則是此處最搶鏡的傢具量體，輔以畫作、植栽階梯小凳大膽的濃黑色，加上呼應客廳骨董圈椅的老收音機，巧妙揉合亞熱帶風格傢具與北歐背景，組構出獨一無二的驚豔畫面。左上角質樸吊燈靜謐地發出暈黃光源，不僅突顯壁面凹凸紋理、讓背景不再平凡單調，更為返家的人帶來一絲溫暖。

TIPS〉優雅淺灰綠凸顯玄關深深淺淺的黑、咖啡木色調；暈黃燈光增添暖調、亦讓壁面紋理不再平凡。

042 色彩斜切創造 Lifestyle 個性風立面

灰與白，看似最保守安全的居家用色，也可以有創意無窮的百變混搭！這個空間同樣是灰白基調，白塗料上色的牆體斜切，與上端淡灰色珪藻土電石光火的交會間，夾雜黃色間接光帶，成了一眼瞬間創造強烈印象的風格畫面。

TIPS〉客廳壁面淡灰珪藻土與塗料白兩種材質元素的碰撞，加上照明畫龍點睛，勾勒出視覺層次，簡約不失變化。

042

圖片提供 ⓒ 方構制作空間設計

043

043 簡潔俐落，演繹舒適生活味道

臥室以沉穩灰色為主，以黑、灰、白三色建構中性風韻，闡述沉靜好眠的氛圍，並於櫃體、傢具處妝點木紋色，提升整體暖意，臥榻區亦納入溫煦採光，搭配床頭燈的暈黃光線，讓空間不致過於冷調且富有暖度。

TIPS〉刻意讓床頭、櫃體齊平，燈飾與畫作也維持在一定的擺放高度，讓床頭的灰色表情顯得大方不凌亂，且尺度更寬廣。

044 復古有型 清爽自然的北歐寢臥

以白色建構清爽底蘊，整體配色清爽自然，充滿著北歐的清冷氣質，但佐入溫暖毛絨的暖色系抱枕，恰好平衡了空間冷暖度，同時將造型穀倉門移植入室，以淺灰藍色定調床頭板與衛浴推拉門，讓房間顯得設計感十足。

TIPS〉門片與床頭原為普通木色，但將之染色，改以年輕的灰藍色染色呈現，並刻意保留些許復古斑駁痕跡，更有味道。

044

045 大理石壓紋磚與白漆交織純淨無壓寢區

打破石材平滑堅硬的傳統印象，特殊磁磚的大理石面搭配立體壓紋，令視感瞬間溫潤柔和起來，完美融入睡寢區域，搭配灰、白塗料，略去多餘修飾，清淺色賦予空間單純沉靜氣息。

TIPS〉屋主選擇的立體壓紋大理石磁磚，搭配灰、白漆塗料，在光線照射下，呈現靜謐無垢面貌。

圖片提供 © 禾觀空間設計

圖片提供 © 北鷗室內設計

圖片提供 © 甘納空間設計

圖片提供 © 甘納空間設計

圖片提供 © 禾觀空間設計

圖片提供 © 奇逸空間設計

057

圖片提供 © 石坊空間設計研究

058

圖片提供 © 石坊空間設計研究

055 光影線條烘托樸實木色的輕盈旋律

書房架高海島型地板，藉著簡約橡木皮色挹注溫煦質感，充滿著起居室的閒適味道，成排櫃體則選用木色鋪陳，穿插仿深灰色仿清水模紋理，以恰當比例讓深淺色交融，創造絕佳冷暖平衡，並締造櫃面的豐富層次。

TIPS〉百葉窗篩落明亮的採光，形成唯美的光影線條，照落於質樸木色上，增添立面的表情變化，讓氣氛更為寫意自然。

056 用相近色與擬真紋理，創造異材質趣味

木紋大理石一口氣化作餐桌、地坪、吧檯、牆面，成為料理空間最大造型量體；櫃體具備金屬的冰冷卻因色彩而擁有近似木質的暖；鋼線固定懸掛天花、使其像漂浮一般。相近色與擬真紋理，模糊金屬、石材、木料間差距，達到意外視覺趣味。

TIPS〉木紋大理石、白色廚櫃勾勒冷灰結構，讓玫瑰金吊櫃與原木色輔櫃前後呼應，點亮視覺焦點。

057+058 運用實木與黃光，賦予清水模空間暖意

樓梯採懸浮量體設計，木質與黑鐵的線性表現，緩和空間因大量灰色清水模而造成的壓迫感，落於梯間置於水泥牆面的指引燈，除了是指引光源外，點狀投射的溫潤色光劃過實木梯面，亦創造空間層次與光暈美感。

TIPS〉當清水模比重高時，對應木質的溫潤，能在大基底中烘襯視覺亮點，輔以燈光色溫的營造，讓空間更具溫度感。

圖片提供 © 構設計

059 用材質細細堆砌家的素顏本色

設計師說：「素雅往往是讓人最感到放鬆的色調。」然而營造素淨雅致的空間並不容易，以木質本色搭配水泥灰牆、布質沙發，以及局部白色花磚混搭，在多種材質色的碰撞下，簡單自然不花俏，讓人能自在呼吸的一方天地也就此誕生。

TIPS〉玄關入門處鋪設白色花磚，除了清楚界定空間地坪外，別出心裁的花色紋理，也順勢形塑出獨一無二的 Lifestyle。

圖片提供 ©HATCH Interior Design Co. 合砌設計有限公司

061

圖片提供 © 樂創空間設計

062

圖片提供 © 曾建豪建築師事務所

060 三米長木紋斜貼打造獨特主題牆

跳脫一般方正格局的配置，三房兩廳的住宅刻意畫出一道三角斜面，不僅僅是自然引導動線，在順應而生的斜牆面上，運用長達三米的特殊木紋以斜貼、密接作為呼應，也創造出這個家的獨特主題，兩側牆面覆以灰色階，圍塑出寧靜之美。

TIPS〉玄關入口貼飾黑色六角磚與室內木紋地板做出些微區隔，一併衍生實用的落塵區域。

061 六角花磚與實木木皮同色系，跳色有趣味

在玄關處選用六角花磚鋪陳地坪，木頭色系讓一進家門便能感受帶有溫度的色彩，懸空的鞋櫃減輕笨重感，嵌入微型展示空間，端景櫃裡放入小盆栽佈置，加上穿鞋鏡輔助放大空間效果，低彩度力求簡約，而讓小空間放大聚焦收效。

TIPS〉玄關地磚選擇幾何六角形，形狀本身呈現活潑感，六角花磚以跳色手法鋪設，賦予趣味感。

062 木質材深淺色巧妙混和，好似走進森林裡

使用梧桐木、柚木、段木三種木皮材質拼接出沙發背牆造型，尤其柚木木色偏紅，帶出深淺層次，營造有如走近森林裡，樹幹錯落的想像情境。全室注入大量木質與局部泥作的清水模牆面，藉由材質本質的溫潤，散發自然感與水泥感的素雅氣質。

TIPS〉由於進門直面而來就是看到沙發背牆，整面牆的木質紋理透露多種材質混搭的效果，清水模牆則延伸一道簡約的端景。

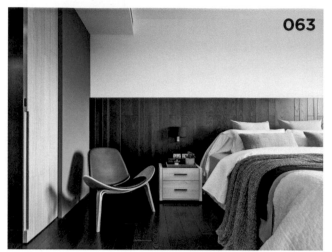

063

圖片提供 © 禾觀空間設計

064

圖片提供 ©HATCH Interior Design Co. 合砌設計有限公司

065

圖片提供 © 諾禾空間設計

063 黑白衝突異趣，鮮綠點亮焦點

床頭牆腰以下是染黑的木板材，並保有原始牆面的大面積留白，呈現黑白對比的衝突趣味，也使牆面尺度更為放大，旁側拉門則鋪敍溫潤的淺木紋，並別出心裁地加入一道土耳其綠，瞬間跳出亮點，點出空間的新潮氣息。

TIPS〉地坪亦鋪陳深色木紋，並刻意與床頭連結，串起水平與垂直的關係，讓房間更具備令人安心的包覆感。

064 六角花磚、地鐵磚打造活潑趣味感

由兩間衛浴合併為一間寬敞舒適的大浴室，長型洗手檯面整合收納、盥洗與梳妝機能，繽紛的六角花磚地面增添空間的趣味與豐富性，壁面則選用同樣帶有復古感的灰色地鐵磚為基底，空間變得更活潑。

TIPS〉將書房的灰玻璃隔間元素帶入衛浴，搭配馬桶、面盆與淋浴間的重點性光源投射，保留局部的暗角，空間反而更有氣氛。

065 細長半圓繃布床頭牆，暖色調格外雅致

依據屋主想要的繃布客製床頭牆，以淺咖啡色定義臥室主色調，連帶櫃體也使用同色系木皮，鄰近色的拋光磚地坪，讓空間上下揮灑層次，營造簡約韻致。床頭牆利用了古銅色燈具與鏡面切割，巧妙的材質轉換，避免了床頭牆表情太單調。

TIPS〉採取客製化的淺咖啡色繃布床頭牆，利用細長的繃布及半圓造型，提升立體層次感，展現一抹古典風格的雅致氣質。

066

圖片提供 © 諾禾空間設計

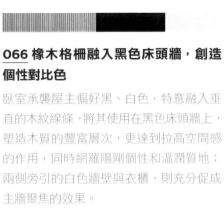

066 橡木格柵融入黑色床頭牆，創造個性對比色

臥室承襲屋主偏好黑、白色，特意融入垂直的木紋線條，將其使用在黑色床頭牆上，塑造木質的豐富層次，更達到拉高空間感的作用，同時網羅陽剛個性和溫潤質地；兩側旁引的白色牆壁與衣櫃，則充分促成主牆聚焦的效果。

TIPS〉以橡木實木拼起來的格柵造型床頭牆，錯落黑色線條，搭配工業風撥桿式開關、木凳邊几小單品，更加襯托時尚品味。

067 清水模與木質，簡約色調相互輝映

清水模床頭牆呈現樸實無華的質感肌理，連同床頭閱讀燈都採取同一形式的水泥罩吊燈。架高的木地板流露木頭本質的自然溫潤，環繞地舖四周利用矮櫃設計，木質層板平衡空間溫度，內凹的隱形夾層創造空間深度的明暗層次。

TIPS〉臥室僅採用木質與水泥兩種質材鋪敘空間風格，一盞水泥灰吊燈宛如燭光的溫柔氣氛，帶入日式輕工業風的簡約美學。

067

圖片提供 © 曾建豪建築師事務所

068

069

圖片提供 © 子境空間設計

068+069 一抹暈黃，為家增添美好印象

大門處玄關延伸至客廳的空間，往往是由外而內的第一道樞紐，設計師選用明亮的黃色帶為內外打造壁壘分明的環境界定，往客廳延伸，亮而不沉的色帶與電視背牆大器的石材紋理交錯，為空間創造鏗鏘有力的典雅佈局。

TIPS〉明亮的跳色能為空間中創造層次，但太多容易引發視覺疲勞，通常局部的跳色鋪陳，就能達到畫龍點睛的微妙效果。

圖片提供 © 子境空間設計

070

圖片提供 ©HATCH Interior Design Co. 合砌設計有限公司

071

圖片提供 ©HATCH Interior Design Co. 合砌設計有限公司

072

圖片提供 ©HATCH Interior Design Co. 合砌設計有限公司

070+071 灰白對比移植時尚設計旅店

經常出國旅遊的夫妻倆，期盼家能呈現如
設計旅店般的質感，設計師運用灰階鋪陳
牆面、櫃體等立面設計，並透過 L 形隔牆
刷飾類水泥塗料、廚房覆以天然石材，透
過不同層次的灰調醞釀空間深度，天花板
與沙發、茶几則選擇純白色，讓灰白對比
更為強調，烘托出簡約時尚的氛圍。

TIPS〉為避免灰階過於冷冽，適時添加木
紋廚具、木質收納櫃體，搭配軌道燈具能依
照需求增減光線亮度，為空間注入些許溫暖
感。

072 鐵灰背景襯白書櫃拉出空間層次

獨棟小透天住宅，為了調和男女屋主對於
深淺顏色的喜愛，書櫃背景刷飾鐵灰色調，
然而卻特意以白色鐵件作為襯托，讓線條
感更鮮明，也淡化深色牆面的沈重，電視
牆面加入仿清水模塗料，並拉齊立面軸線
的平整秩序，形塑俐落舒適的氛圍。

TIPS〉加重灰階基底具有提升空間質感的作
用，並加入深淺木紋與局部白色點綴，賦予
豐富的層次感。

073

073 深色風韻描繪內斂居家品味

玄關屏風採用不加修飾的深木色，保有原始的木頭肌理，替居室帶出大自然感，對映著客廳主牆的深邃木皮染色，讓底牆色彩接近於黑，穿插不鏽鋼金屬與傢飾品的妝點，讓深色表情中富有變化，充滿個性風情。

TIPS〉刻意將主牆的染色木皮延伸往上，與白色天花板相銜接，讓深色牆面不會顯小，反倒拉寬牆面的尺度比例。

圖片提供 ⓒ 禾觀空間設計

074

圖片提供 ⓒ 曾建豪建築師事務所

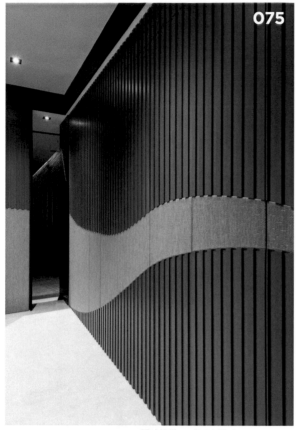

075

圖片提供 © 璞沃空間 /PURO SPACE

076

圖片提供 © 奇逸空間設計

074 鐵板書架黑得出彩，跳色抽屜活潑好靈動

以鐵件結合美耐板木作打造的薄型無焊點鐵板書架，黑色主視覺表現時尚感，另置入灰色、藍色、木頭色烤漆的活動式抽屜，增加更多彈性使用的變化，同時使得黑色鐵件主牆增添活潑色彩。

TIPS〉書櫃上裝置的滑門底面由鐵板與美耐板組成，等同於黑板留言牆的功用，材質質感更出色。

075 灰、咖啡異材質，拼貼玄關太極意象

入口端景以深灰木格柵與咖啡編織毯為創作素材，透過顏色與異材質組搭出弧形線條，隱喻太極圖案的相生相合；左側透出的紅色絲線為客廳的鏤空裝置藝術，象徵琴線或水袖舞動畫面，一進門就感受到濃濃中國禪情調。

TIPS〉光滑冰冷的木格柵中間內嵌粗糙溫暖的編織毯，灰、咖啡與材質混搭，隱約透出絲絲紅線，正符合太極陰陽相合概念。

076 深咖啡營造濃濃男人味，時髦雪茄館誕生

書房以現代英式雪茄館發想，運用濃黑咖啡鈦金塗料鋁板作背牆主景，搭配灰黑色櫃體、黑白根地磚以及靛藍色窗簾，營造時髦沉穩氛圍。噴白漆鋁板造型天花在壁面重色對比下，加上窗簾豎摺紋，達到提升樓高效果。

TIPS〉空間背景皆為黑、灰、藍重色系，卻巧妙利用霧面、亮面自然構成空間主副角色，輔以橘、米色拉扣精品沙發點亮視覺。

077

078

圖片提供 ⓒ 甘納空間設計

077+078 豐富色彩創造小空間趣味性

此案為老屋改造，因應屋主對於豐富色彩的喜愛，設計師於每個空間嘗試雙主色的概念。客浴入口與洗手檯區域選用高彩度橘色，對應水泥粉光牆面，作為入口提示，而淋浴間則以同樣高彩度、但對比強烈的藍色磁磚鋪陳，讓小空間增添趣味及氛圍。

TIPS〉對應客浴的餐廚空間，降低彩度，僅以藍色系餐椅做串聯，避免視覺凌亂。

079 銅製牆面的金屬光澤，提升空間色調質感

特製金屬銅製著色建材，為客廳收納壁櫃的門片，選以孔雀斑紋色彩，化身一道藝術牆，形構出一幅分割山水畫作，醞釀一室精緻，並藉由金屬色澤，提升沉穩普魯士藍主色調空間的質感。

TIPS〉普魯士藍的電視牆壁布上穿插了金邊線條，正好與金屬銅製藝術牆的色調形成相呼應的色彩語彙。

080 鏽鐵感電視牆與水泥感地坪，演繹自然拙樸

鏽鐵感的電視牆凝聚視覺焦點，鐵板採取化學後製製成，表面隨時間生成變化，而能流露出自然感。優的鋼石水泥無縫創意地坪質感不粗獷，平滑面的觸感更保有易清理的優點；搭配橘色、咖啡色等單椅、音響和窗簾，同色系讓空間顯得和諧。

TIPS〉絕佳的採光條件下，木紋、鏽鐵、水泥和石材在光線下更能展現光影的美感，保持自然原色足以襯托空間敞亮的特色。

079

圖片提供 ©W&Li Design 十穎設計有限公司

080

圖片提供 © 曾建豪建築師事務所

081

圖片提供 ©W&Li Design 十穎設計有限公司

081 波浪造型立面，創造色調層次趣味

空間色調層次變化，有時來自材質紋理與
立面質地的營造，自客廳走入餐廚空間，
設計師以霧綠色實木波浪門片做背景色，
一方面延續客廳普魯士藍的色彩調性，另
一方又在立面的立體效果與色階上做出層
次變化。

TIPS〉輕投射燈打在波浪造型門片的凹凸立
面，變化出墨綠或藍青深淺不一的色彩趣味
性。

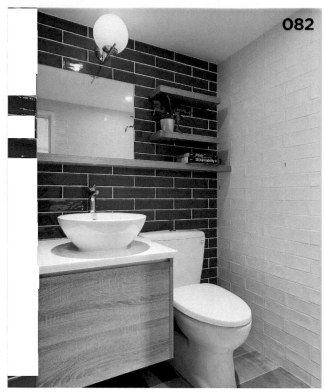

082

圖片提供 © 巢空間室內設計

083

圖片提供 ©HATCH Interior Design Co. 合砌設計有限公司

082 亮面藍白色磚，注入活潑氣息

客用衛浴採用較活潑的進口藍白色磚做主題牆搭配，清爽的色調營造異國風情，期望在客人造訪同時，不僅在客餐廳等公共空間擁有視覺饗宴，就連在客用衛浴，依然也能感受活潑氛圍。

TIPS〉燈光映照下，突顯出色澤飽和的深藍色磚與純白色磚之間鮮明對比與明亮質地，空間有了一種舒展的效果。

083 多彩花磚串聯色彩表情，豐富空間質地

呼應空間的灰白基調，衛浴空間以白色天花與水泥粉光做整體牆面包覆，而多彩色塊的花磚鋪排地坪，保有磁磚防潮與易於清潔的作用外，對應水泥粉光的質樸，微帶光澤的磚面，提供打亮空間的效果。

TIPS〉擷取家中主要出現的色彩，透過形式鋪設地板，引導空間色彩，一路延伸不中斷。

圖片提供 © 晟角制作設計有限公司

圖片提供 © 曾建豪建築師事務所

圖片提供 © 構設計

084 續活用素材色彩與紋理，創造視覺延伸感

僅 16 坪大的房子裡，為了不使盥洗空間侷促狹小，設計師以素材色彩作畫，墨色大理石紋在牆上如雲彩般蔓延渲染，地面鋪排絢麗的靛藍色花磚，粉紫門片的調色讓冷硬空間有了夢幻想像，在色彩與材質之間創造了如此精巧細緻的洗浴天地。

TIPS〉紋理線條讓視覺放大延伸，虛化小空間中受迫的四方立面，輕鬆消減密閉感。

085 幾何圖形磚鋪面，宛如跳色藝術牆

與主臥以玻璃門打開通透視覺感的衛浴，幾何主題磁磚鋪陳牆面設計，成為搶眼聚焦的端景牆。60×60 公分的磁磚主牆以藍、灰、黑定調塑造冷色調，地坪則是使用 30×60 公分水泥地板磚，保持色彩低飽和度，清冷調性裡透著些許輕奢質感。

TIPS〉衛浴主牆幾何花磚，搭配窗邊牆面的白色六角磚，另外配置圓蛋形浴缸與浴鏡、洗臉盆，將幾何圖形效果應用透徹。

086 藍色馬賽克磚提升浴廁設計質感

即使是平凡的洗浴空間，年輕的屋主夫妻也期待能有著別出心裁的設計感。因此設計師在淋浴間的牆面作了有趣的生活實驗，以深深淺淺的藍色馬賽克琉璃磚拼接，配上素色木紋地磚，水滴灑下，磚牆顯得晶瑩剔透，彷彿置身星空，讓淋浴多了無限浪漫的想像。

TIPS〉愈是簡約的格局，愈需要細節的雕琢，以材質作局部跳色，則能在空間中展現層次與重量，也是形塑氛圍的重要方法。

087

087 多彩拼接木紋，玩出層次感暖木輕工業風

為營造輕鬆的休憩氛圍，在質樸水泥粉光灰白調空間中，床頭背牆選用多彩拼接材質，為靜謐的空間形構強烈的主題亮點，隔著玻璃與客廳相望，亮眼人字拼貼圖騰，裝飾性十足。

TIPS〉以仿真度高的進口壁紙裝飾床頭背牆，帶出較純木作更為輕盈的質感，亦方便做活動衣櫃門板使用。

088

088 懷舊清水紅磚，砌出家鄉的記憶造景

色調純樸古意的紅磚，是臺灣南部傳統農村建築的經典建材。設計師特別運用紅磚打造衛浴與廚房、客房之間的過渡走廊，並將浴室的洗手檯移至此廊道區域，形成一處富有懷舊意象的記憶造景。

TIPS〉紅磚牆上方留下疏通光線的間隙，透過光影的流動，讓空間的氛圍更加明亮溫暖。

089

089 仿鏽薄磚營造猶如藝術畫作端景牆

刻劃鐵鏽紋理的 0.4 公分薄磚，圍塑的不僅是客廳端景牆，更以 L 型包覆隱身牆後的衛浴空間，粗糙的質地為素淨的空間帶出工業風的況味，其鐵鏽色調成了空間最穩重的中心。

TIPS〉以軌道燈局部打亮薄磚表面，凸顯了磚面仿鐵鏽的細膩紋理，同時也讓孩子的塗鴉，猶如在藝廊展示般作了最佳表現。

圖片提供 ◎ 兩冊空間設計

090 木與磚材加乘，構建質樸復古生活感

此案空間以最樸質的素材來呈現屋主的生活想望，考量屋主
懷念舊時代的空間元素與預算需求，設計師運用松木合板木
門片，和未施粉光處理的磚牆材質框構工作區，帶出懷舊風
情的生活感。

TIPS〉將燈管規劃成光帶設計，與木框構磚牆書桌區燈帶作串
聯，微黃燈光點亮居家，更添一抹暖意。

091

091 深淺灰石色調，鋪陳光陰推移之美

呼應著室外絕佳的綠意山色景致，室內以溫和木材質為空間打底，並選用面積較大的天然石材磁磚鋪陳電視牆面，在陽光的照射下，如同凝結時光流逝的足跡，緩緩推擴出深淺有致的灰色美感。

TIPS〉若偏好細膩精緻的空間感，可選擇表面質感較平滑的石材，就能呈現自然而不過於粗獷的氣質。

092

092 淨亮白餐廳裡的木質小溫馨

為了不讓白色調的餐廳失去層次感，設計師在餐廳旁設計一面木紋壁板，做為餐廳主題牆，且為了平衡同樣為全白設計的中島，在餐桌及餐椅上也選用相同色調的木紋材質，讓空間保有白色的明亮，又能透過木紋材質帶出溫馨感。

TIPS〉白色基調與玻璃拉門的透亮，圍塑空間整體亮度，搭配木材質的溫潤色調，讓空間多了分溫度。

093

093 冷暖木材質地，調和空間視覺溫感

不同的木材質，為空間創造的質感也大不相同。如本案牆面材質是由地板延伸，採用偏灰棕色系的木質感，視覺上予人較冷的印象，而餐桌與展示櫃選用溫暖的橡木色系，調和視覺上的溫度比例。

TIPS〉餐桌上方的燈飾採用簡約幾何質感，暈黃燈光微微滲透進背景的木質色與白色，帶來一種恬靜的氣息。

圖片提供 ⓒ 寓子空間設計

094 局部跳色木紋打造玩味電視牆立面

以整片木質感打造的電視牆，給人賞心悅目的感覺，為了增加空間色彩的
豐富度，設計師選擇在木電視牆上玩變化，跳色木紋搭配自然光的照拂，
客廳大立面更具豐富視覺層次感。

TIPS〉以 1/3 跳色木紋牆作變化，一方面保持整體空間視覺的清爽度，又能製
造別緻的小亮點。

圖片提供 © 寓子空間設計

095 藍灰色材質語彙，打造北歐工業風

單身女屋主喜愛北歐工業風，因此設計師將全室的牆面、樑柱都以樂土灰色系作處理，適時添加帶有刷紋的灰色超耐磨地板與木色廚房櫃體，強化工業風元素，也賦予空間色彩多一些溫度。

TIPS〉 在空間加入柔和的藍紫色調，配置於浴室的穀倉門及書櫃，增添居家活潑感而不顯單調。

圖片提供 © 巢空間室內設計

097

圖片提供 © 六相設計

098

圖片提供 ©W&Li Design 十穎設計有限公司

096 木紋與黑鐵框構白底空間新張力

白色基調的客廳，保留純白電視牆設計外，靠近大門的牆面也同樣也為純白牆面，為了讓玄關到客廳的動線富有色彩層次，設計師規劃一面木紋壁板，與一組鐵件烤漆開放櫃，讓空間不顯單調。

TIPS〉木紋壁板打破冷白，為空間帶出溫馨感，而深鐵灰色的鐵件開放櫃則加強空間中的色彩層次。

097 運用天然色質，打造素顏感日系風

本案為咖啡廳，基於環境安靜需求，選用具有吸音效果的木絲纖維板作為牆面材質，板材上所壓製的木絲紋理成為空間主色調，形成自然不造作的素顏感，創造出清新的日式風格空間。

TIPS〉地板採用無接縫強化水泥，深灰色調除了有耐污的優點，也讓空間感更寧靜純粹。

098 光描繪材質本來面目

設計是用來烘托生活背景，設計師著墨在大面積的地板與牆面，運用紋理及質感明顯的橡木，並適度留白，配合光線的變化，更襯托傢具配件的特質。

TIPS〉以天然建材特有的灰黑色調為主，援引明亮陽光，色系相同的材質，能單純呈現材質和物件的原始紋理。

099

圖片提供 ⓒ 巢空間室內設計

100

圖片提供 ⓒ 石坊空間設計研究

101

圖片提供 ⓒ 六相設計

099 紅磚牆為主調，相近材質營造工業風視覺

保留建築物本身既有的舊紅磚牆構造，作為客廳主牆視覺，搭配類似風格的灰色仿磚牆壁磚為沙發背牆，統一了空間調性，灰色調的陪襯，不搶走電視主牆的風采，選以色澤紋路較深的木地板，也呼應著客廳整體風格。

TIPS 客廳裡主要的三種材質色調安排，以電視牆為第一優先的視覺亮點，輔以沙發背牆及地板為陪襯角色，營造相同的風格視覺。

100 梧桐木編織家的溫馨故事

屋主曾居住在中西文化撞擊的租界區洋房，設計師以帶古典韻味的餐桌椅和釘釦沙發，襯托出大面積的人字形梧桐木地坪。造型仿若俄羅斯堡頂的玫瑰色吊燈，猶如點燃了此一木色空間。

TIPS 紋理會說話的梧桐木，分別在地面、廚房柱面以及客廳背牆，刻畫出不同故事情節。

101 為家添上卡布奇諾色的暖心溫度

新成屋在交屋後已完成石英磚的地板鋪設，為營造更溫馨的感覺，選以卡布奇諾色般的超耐磨木地板，直接以卡榫的方式鋪蓋在既有的地面上，紋理鮮明的地板色調，搭配木頭餐桌椅，透出木素材的溫潤暖意。

TIPS 局部運用同色調耐磨木地板在餐桌背牆上和波浪紋裝飾板搭配，強化立面表情。

圖片提供 © 兩冊空間設計

102 援引綠意環保材，為家增添自然味

灰色珪藻土沙發牆、淺灰樹酯砂漿地坪，加上回收舊木化身擴音
板打造的音響牆，灰與白架構整體空間色調，搭入一面深棕原木
色，為室內空間串聯起戶外景致，創造出符合屋主熱愛自然、居
家注入 outdoor 氛圍的想望。

TIPS〉面對平滑的沙發牆與地坪，回收舊木的鮮明紋理，彷彿在家
中植了大樹的自然質地。

103 明亮仿瑪瑙紋磚，刻畫空間細膩質感

一入門後，玄關牆面與地坪即以明亮的薄磚作鋪排，且一路延伸到客廳與起居室，帶有米黃、棕色紋理的仿瑪瑙紋理，與木構柱及深色木桌勾勒出最佳平衡色調，並為空間增添光感細膩度。

TIPS〉帶有溫潤紋理的仿瑪瑙薄磚，搭配黃色暈光的造型壁燈，替冰冷磁磚質地帶出細緻溫感。

圖片提供 © 兩冊空間設計

圖片提供 © 石坊空間設計研究

105

圖片提供 © 石坊空間設計研究

106

圖片提供 © 石坊空間設計研究

104 東西方風格與品味的靜謐邂逅

現代感的歐風簡約傢具，遇上風韻猶存的東方老傢具，毫不造作的磐多魔灰色地坪，成為最佳的展示場地。客廳左右兩側具鏤空特性的櫃體，覆蓋皮革、木頭、鍍鈦板的皮層，與傢具、傢飾相對應。

TIPS〉間接燈帶光源，打在兩側展示櫃上，映照著不同材質肌理，為空間營造猶如博物館看展的氛圍，靜謐且具質感。

105 摺紙意念植入，白色空間玩出多層次色感

在 75% 占比的白色空間裡，設計師以大型摺紙意念植入空間，讓空間裡的石材、漆牆等材質，透過折線設計與燈光、鏡面應用，創造出不同色調層次。

TIPS〉多角度切割的空間，以黃色光帶照映於不同材質的白，彰顯出鮮明質地表現與溫度。

106 流動光線勾勒材質色調細緻樣貌

相較本色表現的天花板與地坪色調，以特殊染色的灰白橡木皮牆，在燈光烘托下，增添立面多變化表情，搭配上輕淺的木質色調桌椅，更為素雅的氛圍中凝聚溫潤質地。

TIPS〉使用光源方向不特定的軌道燈，照映天地壁不同材質，呈現細緻肌理與光影多元變化性。

圖片提供 ⓒ 六相設計

圖片提供 ⓒ 優尼客空間設計

圖片提供 ⓒ 兩冊空間設計

107 清爽湖藍拼貼，漾出水色意象

原衛浴空間昏暗狹小，設計師以開窗提升採光，清爽的湖藍色與白色人字形磁磚拼貼，讓空間感顯明亮清爽，而活潑的拼貼形式也創造生動且富有節奏的水波意象。

TIPS〉乾溼分離隔間採用透明玻璃材質，加上磁磚拼貼在視覺上形成的連續性，讓空間整體感更完整。

108 黃白對比，創造清新童趣

為了在容易受潮的衛浴空間中加深層次感，濕區以地鐵磚造型磁磚鋪設，方便清潔也較有造型感，較不易打濕的區域則以檸檬鮮黃鋪成，與全室的白形成強烈對比，更帶出猶如蛋黃一般的童趣感。

TIPS〉衛浴空間除了磁磚的鋪設，在不易打濕的乾區，可以防水塗料取代，色彩上更具變化也兼具實用性。

109 亮面灰色地鐵磚，豐韻空間舒適質地

延伸整體空間的灰色質樸色彩，浴室的白牆也鋪貼拋光亮面地鐵磚，在自然光的映照下，透出光澤感，搭配水泥磨石子地坪，洗浴空間延續一致調性，也帶來明亮與舒適感。

TIPS〉黑色五金水龍頭鐵件配置，為淡雅灰白色衛浴空間視覺聚焦。

圖片提供 ©FUGE 馥閣設計

圖片提供 ©FUGE 馥閣設計

111

110+111 黃色淋浴間串聯輕重紫色調

以多樣繽紛色調為佈局的居宅，轉至主臥衛浴，由屋主喜愛的幾何壁磚做為延伸串聯，另一側以淺紫單色地壁磚，隱性暗喻空間的機能轉換，搭配大量留白與白色大理石檯面，舒爽的配色令人感到心曠神怡。

TIPS〉在淡紫色與幾何壁磚之間的淋浴間，特別採取黃色玻璃門片作為空間串聯的介質，一方面搭配透明質感傢具，襯托色彩主題。

圖片提供 ©KC Design Studio 均漢設計

圖片提供 ©W&Li Design 十穎設計有限公司

112 紅色釉面磚拼排趣味立體表情

將衛浴空間內部採用的釉面磚，一路鋪貼至外部牆面，最後延伸到僅一牆之隔的半開放式廚房，紅色調磚牆的強烈裝飾效果，創造出另類空間焦點。

TIPS 〉特製調色的釉面磚透過拼排，創造3D 立體視覺，讓原本低調的廚房空間更具特色。

113 藍與白材質虛實交錯的色彩變奏曲

純白空間，以藍、白、黑三色混合地磚區隔客廳場域，幾何磚延伸躍上餐桌設計，與環境多了分連結，深藍色廚房門框，打造框景般視覺效果，走入廚房猶如走進一幅畫中。

TIPS 〉深藍色塊所切割的立面，為純白空間拉橫出明顯的空間動線及視覺延伸效果。

114 花磚成主角，砌出端景牆多彩豐富性

在全白色系的空間，以黑白色花磚活潑地鋪排出開放式餐廳的主題牆，搭配紅銅吊燈與木質桌椅，為屋主營造木色系北歐清新風情。

TIPS 〉牆面鋪設黑白花磚相當吸睛，在極簡的白色空間裡，拉伸出空間立體感。

圖片提供 © 寓子空間設計

115

圖片提供 © 六相設計

115 木質空間玩轉花磚，創造居家輕緩步調

打開門，地面的圖騰花磚一路引導視線到餐廚區，輕淺色調搭配豐富紋路，讓原本較狹窄的走道和廚房空間都因著搶眼的地磚，變得更有魅力和寬敞。

TIPS〉拋光花磚的中性色調為木質調空間帶來些許清爽氣息，而花磚紋路又為空間帶出視覺豐富度。

圖片提供 ⓒ 大雄設計

116 徜徉於流動石紋中的大自然浴場

為了在洗浴享受中獲得身心靈完全的解放,設計師以讚嘆自然為
主題,大量採用如雲流動的大理石材作為牆面與地板的鋪面,隨
著天然紋理的變化與自然光影的轉移,讓灰色石材產生更多靈性
之美。

TIPS〉除了牆面與地面的石材,在面盆區檯面則改採卡拉白大理
石,以天然石材的色差配搭出深淺色調的變化。

117

圖片提供 © 羽筑空間設計

117 深藍底綴以金蔥，展現內斂華麗

圖樣典雅的花色壁紙是歐式居家空間一大
特色，用於私人空間中可展現個人風格。
深藍色底上綴有金蔥圖樣的壁紙，為整體
感鋪陳出一種沉穩內斂的氣息，而金蔥色
則巧妙點綴幾分華麗質感。

TIPS 〉針對深色的壁紙，建議可搭配偏黃光
的床頭燈或小夜燈，暈黃的燈光能為空間氛
圍大大加分。

118

圖片提供 ©W&Li Design 十穎設計有限公司

118 沉穩深木色帶出內斂閱讀氛圍

深木色調為書房空間營造出沉靜的閱讀調
性，搭配黑色傢俱、物件以及燈具，除了
定義空間屬性，於空間中也如同藝術品在
各自展現。

TIPS 〉同色調木百葉篩漏窗外自然光，溫潤
光感更為書房空間添上恬靜氛圍。

119

圖片提供 © 懷生國際設計

119 板岩牆面延伸天花豐富視覺

模擬睡眠時的感官感覺，大玩床頭背牆延
伸至天花的材質遊戲，牆面使用板岩向上
接續至天花搭配不規則木條格柵，豐富主
臥視覺，建構仿若天然山石的畫面，並營
造出適合睡眠的靜謐場域。

TIPS 〉仿石紋磚打造室內主牆的天然氛圍，
與木格柵巧妙形塑出屬於臥房的天花之美。

120

圖片提供 © 懷生國際設計

120 深灰色調的靜謐感，且化收納於無形

設計師給予深灰色調的大面積鋪陳，帶有石紋質感增添了夢境中奇幻絕倫的意境，牆角處融入黑線、木紋，勾勒幾何塊狀，搭襯吊燈裝飾，塑造了一方優雅，展現生活亮點。

TIPS〉牆面暗嵌了衣物收納空間，不僅讓房間立面更為完整，也將所有雜物隱於無形。

121 光，陳述空間質地的細膩與雅緻

設計師以灰樂土搭配卡多尼地板框構樸空間，霧質感牆面與光滑地坪，迎納自然光入內，反映在材質肌理表現上，更增添幾分細膩雅致的質韻。

TIPS〉自然光順應白色櫃體延伸入內，讓光線有了擴散作用，為空間的明亮度起了加乘效果。

121

圖片提供 © 寓子空間設計

134

圖片提供 © 摩登雅舍室內設計

135

圖片提供 © 摩登雅舍室內設計

133 灰藍牆面，襯托優雅底蘊

客廳全面以白色線板鋪陳，奠定古典氣息，而沙發背牆正中央則鋪貼灰藍色的花朵壁布，浪漫中不失優雅，沉穩的色系讓整體空間更為寧靜。搭配綠色幾何地毯，帶入自然田園的清新質感。

TIPS〉雅緻的金色鏡面點綴其中，成為空間的矚目焦點，而一旁輔以金色壁燈與茶几，層層堆疊貴氣質感。

134 灰白雙色映襯，空間簡潔俐落

調整空間格局，將每個房間的入口配置在同一軸線上，並在房間與廊道都採用相同的灰色壁布鋪陳牆面，下方則以白色線板相呼應，搭配白色門斗，形成整齊一致的視覺效果。地面鋪陳黑白相間的幾何磚面，透過圖騰讓空間視覺更為豐富。

TIPS〉為了與線板、門斗搭配，櫃面和單椅都選用相同的白色系，空間色系不顯紛亂，廊道天花則點綴霧面銀吊燈，增添貴氣質感。

135 繽紛花磚，菱形鋪貼展現秩序感

在狹長的廚房空間中，為了不讓牆面顯得單調，巧妙運用多色花磚拼貼，過道展露繽紛亮麗的效果，同時採用菱形鋪設，打造俐落整齊的視覺。搭配百合白的櫃門與天花，讓色彩更顯凸出。

TIPS〉由於花磚本身以米白色襯底，因此以大地色的淺色木紋磚相輔相成，奠定空間視覺，溫潤的木色質感帶來清新暖意。

136

圖片提供 ⓒ 地所設計

136 雲朵般雪白氛圍帶您進入沉沉夢鄉

為營造雪白雲朵般的輕盈夢鄉感，設計師刻意降低了臥室的彩度。除了運用淺白的栓木材質在床頭作出造型外，功能性的書桌區與衣櫥牆櫃均以系統櫃施作，並選擇淺灰色的不規則紋理，更增添視覺的飄逸感。

TIPS〉 在木地板部分特別挑選與系統櫃相似的色彩，而窗簾則以白色，讓空間色彩盡量低調、單純，降低色彩干擾。

137

圖片提供 ⓒ 羽筑空間設計

137 柔性色調混搭慵懶生活感

為了讓寬敞的臥室空間更有美感，設計師運用原木色木皮搭配帶有編織紋理的淺灰紫色壁紙，透過兩種材質混搭拼貼，共同營構出一種柔性慵懶的生活氛圍，讓疲憊身心能夠完全鬆弛療癒。

TIPS〉 大面積的牆面若僅採用單一材質，反而會顯得單調且壓迫，不妨挑選兩種相異但不衝突的材質混搭，更能彰顯設計質感。

138

圖片提供 ⓒ 摩登雅舍室內設計

138 清淺木質，注入淡雅氣息

延續整體的鄉村質感，臥室床頭牆面特意鋪陳木色壁紙，展露原始自然的紋理，清淺的木色巧妙流露出清新氣息。衣櫃門片則仿造穀倉門的樣式，搭配略帶粉色的木皮鋪陳，散發微甜質感。

TIPS〉 床頭櫃與書桌選用淺木色系，與牆面形成和諧視覺，並搭配白色線板，讓空間更為立體。

圖片提供 © 羽筑空間設計

139 引導夢境回歸溫柔灰色地帶

臥室環境與睡眠品質息息相關，尤其對於工作忙碌壓力大的現代
人而言，設計師建議可選用中性色彩如灰藍色系作為臥室空間主
色，並減少過多裝飾元素的干擾，讓空間的情緒回到最平靜、放
鬆的狀態。

TIPS〉在色彩明度上應選擇適中的色調，過暗或過亮均不適宜。將
光搭配亦可採用局部照明來營造氛圍。

圖片提供 © 羽筑空間設計

140 冷暖色調定義場域性格

因應男主人鑑賞音樂的興趣，客廳區域採用具有吸音效果的美絲板，並保留材質本身暖色調的特質，與餐廚區域所採用冷色調的克里夫系統板材形成視覺上的溫差，藉由顏色賦予場域性格明確定義，同時也有界定格局的效果。

TIPS〉兩個區域的主要色調雖然不同，但可以巧妙利用局部物件如餐廳的木質餐桌與客廳的鐵件燈飾，揉合兩者之間的調性。

圖片提供 ⓒ 羽筑空間設計

141 暖色木地板調劑冷感工業風

近年來蔚為流行的工業風，在色彩搭配上多偏向金屬感較強或冷色系的灰黑調性，對居家場域而言較為冰冷。設計師建議，不妨搭配暖色系的木質感地板來中和空間的溫度，同時也能創造舒適的氛圍。

TIPS〉木地板除了能在視覺上增加溫感之外，也適於赤足行走或隨意坐臥，可讓居家空間更增添隨興自在的感覺。

圖片提供 ⓒ 諾禾空間設計

142 飽滿木紋與磚色，工業風妝點微暖綠意

在以工業風定調居家風格，全室在咖啡色圍繞的大地色系風景裡，沙發背牆文化石紅磚色彩深淺錯落帶來牆面律動感，自然木紋木皮包覆了牆面，融入黑色鐵件展示櫃線條與手繪黑板牆等妝點，呈現剛硬俐落、不乏趣味生動的藝術調性。

TIPS〉空間中妝點綠色植栽，與電視牆的背景底色達成呼應，搭襯展示櫃裡的木頭裝飾，豐富了整體的色調層次。

圖片提供 ⓒ 實適空間設計

143 拼貼的跳躍木色，為空間創造視覺火花

位於空間轉換處的餐廳區域，相較於整體空間的寧靜藍色系，以拼接木色牆面為空間創造令人驚喜的火花，除了 3 種木紋與深淺的交錯，適當地佐上帶有藍色調的綠色，不僅為視覺帶來更多色彩上的刺激，也進一步加強整體空間的一致性。

TIPS〉跳色的選擇建議從空間主色調為出發點，對比之餘也可適時加入一點相近色，加強視覺和諧感。

圖片提供 © 大林設計

144 木色天花創造開放空間的視覺延伸

為遮擋原有屋樑，利用大面積深木色天花貫穿餐廚開放區域，創
造視覺延伸性，而位於玄關處的玻璃屏風，則以長虹與格子交錯
的玻璃配置，製造清透中的層次，與鐵件的搭配，帶出整體空間
的穩重感。

TIPS〉天花的木紋質感除了能創造視覺層次，直線條木紋更進一步
加強視覺延伸性，減弱深木色的色彩重量。

145

圖片提供 ⓒ 摩登雅舍室內設計

146

圖片提供 ⓒ 諾禾空間設計

147

圖片提供 ⓒ 地所設計

145 米黃文化石，奠定古堡氛圍

客廳大量鋪陳深木色地板與百葉窗，搭配同色的沙發、茶几，為空間奠定沉穩基礎，而沙發背牆則特地運用米黃色文化石，打造宛如古堡般的大氣質感，同時淺色系的鋪陳反而成為空間的突出亮點。

TIPS〉搭配波西米亞風的圖騰地毯，洋溢神秘的異國風情，深色空間打造矚目焦點。

146 黑白對比大理石美耐板，氣質沈穩大器

公共空間以低彩度色系黑、白、灰為主，並在壁面與傢具納入大量時髦且備受女主人喜愛的大理石元素，使用大理石美耐板，佐以金屬傢飾，宛如專業的攝影棚背景。天花對應超耐磨木地板的木皮色，則為客餐廳形塑空間界定。

TIPS〉電視、音響設備量體大，以黑色大理石美耐板作為電視牆，呈現沈穩大器感，反之黑白對照容易形成電器的笨重。

147 由深而淺地疊架出穩重空間層次

為了營造出現代和風的居家風情，在傢具的材質選擇上偏重大量木質與皮革之外，空間硬體上，則採用白橡實木線板作染色處理來鋪陳整面沙發背牆，和諧地襯托出霧灰色皮革沙發、濃褐色木餐櫃，讓空間展現沉穩氛圍。

TIPS〉地板部分特別挑選以黑色的海島型木地板，讓地面到牆面由深而淺地呈現豐富而穩重的層次感。

圖片提供 © 羽筑空間設計

148 富有生命力的磚牆粗獷本色

一般居家空間常用復古紅磚或文化石打造端景牆，但本案是直接讓建築牆體本身的紅磚牆裸露出來，並且保留左下角局部白色壁面，呈現出一股粗獷而自然的力道，也讓空間改造的故事留在設計中。

TIPS〉裸露磚牆可利用壓克力透明漆加以處理及保護，就能避免粉塵散落的問題。

149

圖片提供 © 羽筑空間設計

圖片提供 © 地所設計

149 沉穩深黑色系打造復古人文風采

為了讓整體空間呈現復古氛圍，在材質上以深黑色系為主，如吧檯區域使用復古六角花磚，結合黑色鐵件勾勒細部質感，木地板也挑選偏灰棕色感的質材，共同建構出一種靜謐和諧而沉穩的懷舊風格。

TIPS〉若要讓居家空間整體色調呈現較沉穩、神祕的感覺，不妨將空間的採光亮度降低，以局部照明來點亮氛圍。

150 銀箔與竹捲簾交織淡雅日式禪風

玄關是空間予人的第一印象，透過入口玄關的造景設計可將家的精神扼要表述。設計師先選定珍貴銀箔鋪貼出細膩光感的端景牆，搭配左側落地玻璃窗，透過光影的反射變化，圍塑出具有日式禪意的空間表情。

TIPS〉在落地窗旁掛上竹捲簾除了具有光線調節的作用，質樸的竹簾質感也與銀箔牆面呼應，凸顯禪風氣息。

圖片提供 © 摩登雅舍室內設計

151 大地色亂石拼貼，彰顯粗獷鄉村

為了重現田園鄉村韻味，書房牆面特地以天然石材鋪陳，亂石拼貼的設計搭配原始大地色系，展露粗獷質樸風味。輔以深木色窗框與門片，門窗自然融入石牆，搭配煙燻木地板，奠定沉穩質感。

TIPS〉巧妙點綴古典書桌，深色刷白的桌面，帶來復古陳舊質感。

圖片提供 © 羽筑空間設計

152 冷靛青色為居家注入安定能量

厭倦了一成不變的白色牆面,但又不知道該如何選色的話,設計師建議靛青色或藍色系是容易上手的安全牌!如本案電視牆選擇顏色穩重的靛青色壁紙,讓整個空間感煥然一新,散發令人安心的氣息。

TIPS〉牆面上下以灰色收邊的方式處理,讓整體結構感更加井然有序,也更增添空間中的色彩豐富度。

153 遊走於黑與灰之間的寧謐境界

透過黑、灰、白色階的遊走，讓空間在單
色中營造出冷靜與和諧的寧心氛圍。首先
在電視牆鋪陳深灰色壁紙與黑色木皮作為
主視覺，再利用外圍黑色木作櫃體來界定
出書房區，搭配一灰、一白的傢具配置則
有了對比的趣味性。

TIPS 〉地面選擇以深灰色超耐磨地板，不分
區的延伸紋理可讓空間有蔓延放大的效果。

154 多樣材質鋪排，交織空間深邃溫潤色調

白色仿石磚與普魯士藍電視牆壁布拼接，
異材質的鋪排，形成空間色塊的明顯分野，
但卻又巧妙地與大理石地坪，以同色調配
色模式，將地坪與立面做了一氣呵成的連
貫。

TIPS 〉石、磚、布與金屬等異材質，藉由相
近色、對應色等多重手法轉換空間表情，於
沉穩主調中透散細緻的生活品味。

155 多層次冷灰色，形塑極簡風格餐廳

有別於一般溫馨風格的餐廳，設計師選擇
中性灰的岩磚拼貼出主牆，再以深色走道
與淺灰餐桌區的雙色木地板定位出餐廳
區，透過不同質感與彩度的灰色，營造出
近乎全灰的極簡單色空間。

TIPS 〉為避免灰色牆面過於黯沉，在側邊以
條鏡設計作出反光面，也可為單一灰色空間
增加亮點。

圖片提供 © 地所設計

圖片提供 ©W&Li Design 十穎設計有限公司

圖片提供 © 大雄設計

156

圖片提供 © 大秝設計

156 以材質紋理增添空間質感

深色調的空間中可以帶出光影的最佳效果，透過材質紋理的穿插變化，無論是從百葉窗透進的自然光，還是造型燈泡或間接光源，皆能為居家空間帶來明暗與線條的豐富變化。

TIPS〉深色系的材質選擇帶出居家空間的沈穩質感，統一的色調下，材質的紋理是創造空間層次的關鍵。

157

圖片提供 ©W&Li Design 十穎設計有限公司

157 鏡面天花反射地坪，延展白色視覺尺度

自餐廳一路往私領域空間的廊道天花，以大量鏡面鋪敘，呈現出反射影像，映照出大理石地坪的光亮白色，使得空間獲得漸層疊迭的延伸，瞬間放大空間感。

TIPS〉藉由鏡面材質的反射效果，更深化展現地坪與餐桌大理石亮面紋理質地的表情，為空間製造更豐富的畫面。

158

圖片提供 © 大秝設計

158 光影襯托材質紋理，加強空間的沈穩質感

以黑色石材紋作為臥室主牆，對應兩側的淺色牆面與櫃體，視覺焦點迅速聚集，並透過燈帶增加視覺變化，加強空間層次，多視角的光源也能讓石材、皮革等材質紋理更加凸顯。

TIPS〉透過不同的材質紋理，在光影變化下更能帶出空間質感。

圖片提供 ©FUGE 馥閣設計

159 深藍繃布配雙木紋地板，創造沉穩俐落感

三代同堂的雙拼大宅，年輕一代住所採取現代俐落風貌，男孩房
床頭主牆飾椅藍色繃布、配上簡潔的線條分割造型，地板則特別
搭配獨特的雙色木紋，賦予沉穩寧靜的調性。

TIPS〉床頭側邊懸掛俐落線條打造的燈具，黑金色搭配更顯個性，
角落藍色單椅也呼應整體調性。

160

圖片提供 © 明代室內裝修設計有限公司

160 灰布屏風柔化石材生硬表情

此案客廳主以灰色大理石打造主牆，搭配
木材鋪排的玄關櫃體，拉出空間氣度，但
為調和剛硬材質的姿態，以布飾屏風作了
質地上的轉換。

TIPS〉刻意配置大理石同色系的布料屏風，
柔化木石之間剛硬質地，紋理分明的織紋凸
顯表面細緻度與空間質感。

161

圖片提供 © 懷生國際設計

161 水泥灰牆搭配拼木材質，打造個性臥房

為了烘托年輕男屋主的陽光個性，設計師
以水泥灰牆搭配人字拼木材質，設計獨一
無二臥房牆面，牆上的手繪哈士奇素描讓
人一眼難忘，而和諧色調也柔和了空間中
的剛直線條。

TIPS〉空間中的水泥灰色系與木材質顏色的
結合搭配，大器展現帥氣本色。

162

圖片提供 © 采荷室內設計

162 繽紛彩磚拼出自在用餐氛圍

由於廚房佔地較小，設計師使用明亮配色
的彩磚提升視覺豐富性，壁面使用藍色磁
磚，搭配粉彩方口磚平台，視覺上帶來一
定程度的豐富鮮麗，紓緩壓迫感。

TIPS〉天花板木條裝飾不僅拉高空間視覺
感，同時能創造鄉村風的輕鬆氛圍。

圖片提供 © 明代室內裝修設計有限公司

164

163+164 木材質彰顯無壓澄明氣息

以木材質架構的開放式公共廳區，依循不同木質的細節與色彩，在戶外光影大面積流洩入內時，質地有了更多豐富性，營造溫潤靜謐的流動感，搭以淺灰色沙發，空間調性更為平和舒適。

TIPS〉深淺不一及紋理各異的木料材質，因同為木色而有一致的調性，但在光影作用下，可以帶出更細緻色調層次感。

圖片提供 © 明代室內裝修設計有限公司

圖片提供 © 明代室內裝修設計有限公司

圖片提供 © 明代室內裝修設計有限公司

165+166 粗獷線條中的暖意風情

單身的男性屋主，偏好剛實的居家風格，因此以
水泥與板材交織樸質的粗獷質感，再以厚薄不一
的板材拼貼出墨綠色電視牆深淺立面，與地坪的
木色透出更多溫度。

TIPS〉淺色調為空間主要基底，揉入溫暖木質調與
大地色彩傢俱，呼應空間本身優秀的採光。

167 放肆石材紋讓人踏進便難以忘懷

設計師顛覆一般臥房概念，將華麗的石紋肌理帶
入空間中大面積延伸，構成強烈的視覺意象，床
頭背牆則回歸適切生活語彙，接合兩種截然不同
的質感。

TIPS〉更衣間以不規則的多邊形拼接牆面，凸顯了
我行我素的個性風格。

圖片提供 © 懷生國際設計

168

圖片提供 © 大湖森林設計

169

168+169 深淺交錯反而帶來特有的寧靜致遠

二進式的玄關中，設計師不以單一色牆展現，反而
以木材直式交錯手法開啟入門序幕，天花、牆壁
不同原木料搭配原石地板，創造彷若走入森林的
動線。左右兩邊穿衣鏡與鞋物玄關收納暗置其中，
別有韻致。

TIPS〉由暗至明的光線配置塑造柳暗花明的感覺，
深淺木色更展現不造作的藝術之氧。

圖片提供 © 大湖森林設計

圖片提供 ⓒ 明代室內裝修設計有限公司

圖片提供 ⓒ 明代室內裝修設計有限公司

172

170+171 多元木質搭構休閒風雅居

導入陽光、綠意，結合休閒風的規劃，以木餐桌為一軸心，擴散出不同木材質應用，橡木地板、木皮、胡桃木飾板，讓空間有著多層次溫暖調性，加上少量黑色鐵件與燈飾及灰色沙發，為空間增添簡約現代感。

TIPS〉深淺不同的木紋理在空間中起了豐富視覺的效果，布質灰階沙發平衡了空間視覺的冷暖呈現。

172 用一室多彩繽紛打造手感風情

屋主因為喜歡拼布，也愛下廚。設計師特別利用像是拼布圖騰的花磚裝飾壁面，並增設了木磚混搭的造型吧檯，搭配上方的吊燈裝飾與彩色磚牆，讓公共區與廚房做出界定，系出同門的風格讓空間完全不違和。

TIPS〉壁磚斜拼能創造活潑輕快的氛圍，即馬賽克吊燈相襯，特別適合鄉村風廚房空間。

173

圖片提供 © 采荷室內設計

173 活用色彩界定格局動線

鄉村風為設計主軸的空間中，相連的餐廳和客廳在配色上都用了紫色，整合了色彩視覺效果。精準而清楚的描繪出空間界定，即使兩處空間各自色彩繽紛，也因為有共同用色，產生相連感。

TIPS〉繽紛色彩中重覆使用某色，可在空間中暗示出區域界定。

圖片提供 © 采荷室內設計

圖片提供 © 采荷室內設計

圖片提供 © 采荷室內設計

174 細緻材質配色，讓空間更自然

屋主年屆中年，但喜歡在空間設計中挑戰
新鮮事物，設計師特地找了法拉利紅的抽
油煙機置於角落畸零地，搭配廚房帶有細
紋路的粉嫩綠色牆面，與亮藍、藻綠等相
得益彰，廚房空間精緻而充滿巧思。

TIPS〉鄉村風格的設計下，亂中有序的色彩
序列更能形塑空間中跳躍的活潑感。

175 相近色構成和諧立面畫面

為形塑屬於輕鄉村風的溫暖生活風，設計
師在背牆上運用明度相近但彩度不同的色
磚互搭，與純白上下櫃搭配，構成豐富和
諧的繽紛畫面，用色彩組構出清新自然調。

TIPS〉方口磚的光潔亮面，與不反光質感的
木櫃搭配，一明一暗互補提升立面豐富度。

176+177 金燦銀灰形塑恢宏氣勢

空間大門位於右手邊，開門而進就是橘黃
紋路堆疊出的瑰麗玻璃櫃，搭配石紋壁櫃
與地板，恢宏氣勢渾然天成，更能作為廊
道另一端景，漩渦奇幻的反射視覺效果，
塑造獨一無二的空間個性。

TIPS〉漩渦奇幻的藝術玻璃門能反射視覺，
與金色玄關門相輔相成。

185

圖片提供 ⓒ 巢空間室內設計

185 單色主題牆創造視覺焦點

為了避免空間顏色過於平淡無味，或一下子交疊太多色系，不妨透過鮮明的單一色主題牆創造視覺焦
點，藉由顏色來敍說空間故事，或適度以同色調的深淺交錯做妝點，強化空間色彩的特色。

186 光線加乘烘托塗料色調質地

光線在塗料色的運用上，除了同樣以
自然光做烘托，加乘鄰近色與中性色
的調合作用，色調因此更顯融細緻。
而對於有鮮明色塊的主題牆而言，則
會適度地運用間接照明光帶、投射燈
等，前者藉由光帶再帶出漸層效果，
後者則有洗牆或是聚攏方式，讓視覺
焦點能集中於牆面鮮明色彩上。

186

圖片提供 ⓒ 寓子空間設計

187

圖片提供 © 單空間室內設計

187 清新鵝黃色調，提升空間陽光感

以明亮的漆料勾勒多功能和室，回應了屋主活潑的性格。對應兩側白牆，鵝黃色調為這處空間拉出主題牆的效果，無論是自然光或是投射燈的照映，都增添一抹光感與溫度。

TIPS〉輕暖的鵝黃色作為空間牆面要角，映襯木質地板，讓原色素材更加溫潤。

188

圖片提供 © 澄橙設計

189

圖片提供 © 禾光室內裝修設計

188 繽紛粉紅主牆與小物，編織美麗童年回憶

粉紅色妝點主牆的女兒房，下方建構仿水泥漆矮檯，成為擺放娃娃、玩具等小物的展示平台。亮色主牆搭配五顏六色玩具、飾品，讓其餘壁面留白，除了聚焦功能之外，也令小朋友能順利入眠。

TIPS〉 小孩房空間三面留白，僅在床頭側以粉紅、仿水泥漆組構主牆面，凝聚視覺焦點。

189 淺綠主牆配淺色木紋，打造無壓舒眠環境

覆以淺綠色刷漆牆面的兒童房，搭配童趣壁貼妝點，增添活潑氛圍，而淺綠色給予孩子舒適的視覺感受，結合大自然質樸的木紋地坪、櫃體運用，營造出無壓舒服的睡寢環境。

TIPS〉 在坪數有限的狀況下，床掛超耐磨地板以淺色木紋為主，走道部分則搭配深色木紋作出區隔。

190

圖片提供 © 單空間室內設計

190 倚著水藍背牆，迎入海洋的澄淨想像

設計師特別為喜愛藍色的女屋主在主臥床鋪背牆刷飾水藍色漆料，藉此彰顯居住者的個人色彩，也滿足她徜徉蔚藍海岸的想像，在專屬的私密空間，獲得更放鬆的療癒感。

TIPS〉 為了呼應藍色主題牆，床組選用了同色調的藍色系亮麗織品做妝襯。

191

圖片提供 © 曾建豪建築師事務所

191 森林綠餐廳展示牆,自然又療癒

鄰近森林綠色彩的餐廳展示牆,在全室純白牆色對照下,創造強烈聚焦效果,即便僅搭配 IKEA 層板,依然提升整面牆的設計質感。而透過異材質的連結性,大地色的森林綠、餐廳的文化石磚牆、廚房的鏽鐵色地磚,令空間有了自然感。

TIPS〉充滿療癒的森林綠牆面,連接白色文化石磚牆,由屋主一起砌造而成,自然不做作的手感,更優於無瑕的匠氣。

192

圖片提供 © 子境空間設計

192 天空藍背牆減輕立面視覺重量

老夫妻在兒子成家立業之際,將自家格局重整,切出新房,設計師以新人喜歡的簡約日系風為基調,沙發背牆運用天空藍塑造輕盈自在的日系質感,與焦糖色皮沙發混搭,營造既明快又帶有淡淡復古的空間意象。

TIPS〉優雅的淺藍色調能恰到好處的襯托木質室居軟裝與皮革沙發,圍塑屬於年輕小夫婦特有的繽紛暖度。

193

圖片提供 © 樂創空間設計

193 水藍色海洋,懷抱環遊世界的夢想

客廳沙發背牆塗刷淡雅的水藍色,對比白色基底及淺灰色沙發,自成一面視覺焦點。由於屋主職業是老師,為了給予孩子培養世界觀,特地選配一面世界地圖,立體凸出設計,讓陸地板塊更顯眼,整面牆就是整個大海洋。

TIPS〉想像成大海洋的水藍色沙發背牆,木質世界地圖裝飾牆,營造牆面立體感,像是描繪環遊世界的夢想。

圖片提供 ⓒ 澄橙設計

194 灰、白色漆作背景，凸顯繽紛童書與綠意空間

結合北歐風、工業風、日式雜貨的客廳空間，捨棄傳統電視牆面，以色彩
繽紛的童書作視覺主題，角落搭配女主人悉心種植、蒐集的綠色盆栽與各
式裝飾小物。色彩紛呈的環境以簡單塗覆百合白與淺灰漆，凸顯主、副角
色，讓空間豐富而不雜亂，透出濃濃童稚、生活氣息。

TIPS〉百合白與淺灰色為客廳無色背景，以童書、綠意盆栽、甚至玩具作空間
色彩主軸，給予小朋友成長過程中最大的生活彈性與趣味。

圖片提供 ⓒ 樂創空間設計

195 米黃色雲朵牆，帶著童心輕輕飄浮

將孝親房改裝色彩繽紛的遊戲室，讓家裡
的孩子可在此開心玩耍。把牆面當作白色
畫布一般，米黃色畫出雲朵牆，放上白色
雲朵燈，讓人童心跟著飄浮起來。牆上置
入一片小木屋外型黑板牆，與木作斜屋頂
相呼應，宛如森林小木屋的童話故事。

TIPS〉比照白色雲朵燈的圓弧線條，讓米
黃色主牆視覺特意不滿滿，營造飄浮的輕盈
感，帶入童趣。

圖片提供 ⓒ 澄橙設計

圖片提供 © 曾建豪建築師事務所

196 馬卡龍粉紫描繪全家用餐溫馨畫面

客廳延續開放公共空間的北歐風格，利用馬卡龍粉紫色妝點壁面，搭上簡潔圓弧的木質餐桌椅，令用餐空間顯得更加溫馨柔美。後方黑板漆牆面是為小女兒準備的揮灑創作空間；而粉紫一側則在 90cm 以上設計洞洞板，利用木棍與層板作出可靈活組合的展示區與入口掛勾，大大提升日後使用彈性。

TIPS〉粉紫色塗滿餐廳立面，搭上白色拉門，在黑板漆與外露管線等陽剛元素反差配襯下，令空間頓時充滿濃濃馬卡龍的浪漫氛圍。

197 粉紅色小女孩房的夢幻小木屋

在白色基調的牆面，透過主牆色彩直接表現男孩房、女孩房，小女孩偏愛的粉紅色流露純真夢幻，牆面打造小木屋造型展示櫃，木板的白色線條令粉紅色印象牆表情更立體，擺上玩偶和繪本童書，簡化硬裝讓空間顯得落落大方。

TIPS〉白色與粉紅色塑造了女孩房的夢幻印象，木作白草面與展示櫃則分別增加白色線條的色彩立體感。

圖片提供 © 諾禾空間設計

198 淺藍色海洋風情，純色空間好透亮

客廳沙發背牆揮灑淺藍色調，連同沙發選擇同色系，帶入藍色海洋的浪漫風情，在全室白色作為基底之下，搭佐簡約不繁複的線板雕琢，牆面不帶任何裝飾的留白表情，而以玻璃拉門替代隔間，採光通透，使空間感更加純淨明亮。

TIPS〉輕美式風格著重輕裝潢，多會善用塗牆色彩鋪敘生活質感。淺藍色彩符碼代表海洋，有海闊天空的寓意。

圖片提供 © 方構制作空間設計

199 皮革色、木質色與塗料色，混搭出人文復古風

為彰顯屋主雅愛的復古率性 LOFT 風，在有限地坪中大玩材質色混搭藝術，將主客廳背牆的草綠色與沙發皮革色構建出老美式風格，光線穿透百葉篩落，這一小區域既潮也古，碰撞出畫面總能久久不忘。

TIPS 飽和度高但明度低的搭配，不僅能讓色彩視感更協調，也能為不同材質創造新的融合層次。

圖片提供 © 北鷗室內設計

200 清新黃色展示櫃，陳列美好生活記憶

客廳電視牆旁側連結黃色展示櫃，達成收納與隔間作用，在黃底白格子的多功能櫃上，擺放了諸多充滿記憶的傢飾品，以純度低的黃色和素色空間保持協調性，並增加亮麗感覺，為北歐風空間增添視覺亮點。

TIPS 展示櫃並不是非得擺滿物品，刻意保留局部空白，除了可讓櫃底的黃色顯露出來外，也促成更具呼吸感的畫面。

201 挹注朝氣色彩，描繪現代風的輕工業表情

以天藍色鋪陳臥房牆面，定調活潑生動的個性，讓閱讀氣氛更有朝氣，床頭與懸吊書桌一體成形，則運用淺木色座連結，帶出量體與傢具的輕盈感，而木色表現則建立於俐落線性之上，詮釋年輕俐落的空間印象。

TIPS 黑色鐵件除了作為層板支架使用，也運用於牆面飾邊，帶動空間表情的立體性，替臥房點出輕工業的元素。

圖片提供 ⓒ 澄橙設計

202 碧玉綠、鮮黃亮彩奪目，點出輕鬆美式風主題

白色百葉、線板、深灰布沙發搭配鮮黃、碧綠色彩主牆，省略多餘的量體
或線條，俐落勾勒出輕鬆自在的美式居家風格。木層板環繞大窗，隨性擺
放就是最貼近生活的美麗畫面，妥善利用空間收納、展示書籍、相片等生
活小物。

TIPS〉碧玉綠背牆搭配黃色掛畫，用明亮鮮豔的二色疊加，描繪出活潑自在的
美式居家風格。

203

圖片提供 © 原晨室內設計

204

圖片提供 © 北鷗室內設計

圖片提供 © 方構制作空間設計

203 大面積寧靜藍鋪陳，舒適又迷人

在開放的客餐廳中，牆面與樑柱全面鋪陳寧靜藍，大面積的設計有效凝塑空間氛圍，帶來優雅舒適的氣息。本身帶灰的色調無形穩定重心，與白色天花、傢具相襯，藍白相間的質感，展現美式居家的高雅調性。

TIPS〉沙發背牆以白色文化石鋪陳，輔以白色牆面與天花，透過多種材質，展現不同白色的豐富層次。

204 藍天、白雲、好綠意的自然想像

既是客廳，也是書房，打造清爽的藍色展示牆，結合白色層架與書桌，以及隨意放置的懶人沙發，讓這個角落自成一體，形成清新的一方天地，並藉著大面積落地窗導引採光，讓此空間充滿著藍天、白雲、好天氣的美好聯想。

TIPS〉趁著好採光條件，隨意妝點一些綠意植物，除了達到淨化空氣作用，那翠綠也讓空間彩度更為豐富，帶出自然的生機。

205+206 抓出空間神韻，打造理想中的夢幻宅邸

女屋主偏愛黃與藍，於是設計師以兩個核心色彩帶入設計細節，以色彩串接場域，客廳主牆櫃體懸浮設計減輕牆面重量，刷上鮮豔的藍、黃跳色，形成錯落的美感，在自然光線照拂下，彷彿有了光合作用，為家帶來自在舒心的神韻。

TIPS〉有了色彩烘托，白色立燈簡約造型的演繹下，彷彿把家帶進了北歐國度，孕育出滿滿生活感。

圖片提供 © 方構制作空間設計

圖片提供 © 優尼客空間設計

207 一致性色調,提升空間和諧質感

餐廳空間以帶有灰色調的木色作鋪成,構築沉著平穩的空間調性,同樣帶點灰調的綠則在和諧中,為空間注入活潑的特質,餐椅等傢具的呼應更為整體空間增添完整性。

TIPS〉帶有灰調的嫩綠可以為沈積的空間帶來更多活力,同時加深視覺和諧感。

圖片提供 © 大秝設計

209

圖片提供 © 優尼客空間設計

208 以柔和色系堆疊出童趣氛圍

以清爽的淡鵝黃作為小孩房的主色，在日光的照映下，整體空間顯得更加柔和舒適，小屋型的門片設計則增加了更多趣味變化，此外，櫃體內部層板特別加入藍色與綠色點綴，呼應一旁的保護墊，童趣感十足。

TIPS〉小孩房建議以柔和的淺色系為空間主色，視覺上更舒適，也能襯托玩具與童趣配件的繽紛色彩。

209 用色彩，為家創造藍天白雲綠樹

呼應窗外鮮活的樹景，以藍牆作為家中天空的基底，並透過抱枕、地毯等軟件加深藍天綠地的印象，牆上的三幅畫便是天空中的白雲，在家中也能享受童書般的視覺樂趣。

TIPS〉為當空間的主題色系定調後，不宜以彩度過高的顏色搶過主題風采，大膽的留白才能襯托空間主軸。

210

圖片提供 © 實適空間設計

210 大膽使用純色，碰撞出獨特的居家風格

在大面積的留白與原木色的天地之間，大膽以純色系的綠色黑板漆，作為客餐廳主牆的用色，創造出別具性格的空間氛圍，純色的質感也帶出居家另一種趣味風貌。

TIPS〉純色的使用必須降低周圍色彩的使用，像是白色或木色為主，以達到跳色的最佳效果。

圖片提供 ©HATCH Interior Design Co. 合砌設計有限公司

211 三角拼色勾勒點點圖騰，創造活潑童趣感

小孩房主色調由公共廳區、廊道的淺灰為延伸呼應，牆面選用淺灰、粉紅、白色畫出三角色塊，白色區域利用洞洞板創作出點點圖騰，讓空間多了活潑趣味。

TIPS〉主牆顏色維持在兩種顏色做拼接，太多色彩容易令視覺雜亂，而淺色木地板同樣也是與廳區一致，空間具有連貫整體性。

圖片提供 © 方構制作空間設計

212+213 給孩子自在長大的色彩日常

明亮舒適的日常是一家四口對家宅共同的期待。孩童房摒除了多餘傢具，保留大片空間讓孩子自在玩耍，嵌入式的落地櫃以明亮的嫩粉色取代原木，多元收納格櫃仿若童話版變型金剛，清爽的色彩讓空間更顯清新。

TIPS〉選本人字拼木地板從客廳處牆面半，在兒童房中地板彩度減到最淡，把視覺還給立面，映出空間的舒適感。

圖片提供 © 方構制作空間設計

214 清新天空藍讓心情愉悅飛揚

本案主臥室採取美式鄉村風格，設計師運用清新明亮的天空藍作為空間主題色調，以大面積開窗引入充足採光，搭配純白寢飾，讓人彷彿化身為漂浮在湛藍天空中的朵朵白雲，心情也隨之晴朗雀躍。

TIPS〉除了牆面採用天空藍為主色之外，床頭櫃的檯面也是同樣的主題色調，搭配下方白色木作櫃體，既實用又美觀。

圖片提供 © 羽筑空間設計

圖片提供 © 樂創空間設計

215 湖水綠床頭牆，湖光水色好舒眠

臥室以營造清新的舒眠環境，暖色調鋪陳
空間色彩，床頭牆塗上湖水綠，擺上一張
相近色的淡紫色沙發單椅，搭配花草布窗
簾，透光紗簾引入暖暖日光，一盞亮黃色
立燈在湖水綠牆面前，有如太陽照亮家的
溫暖。

TIPS〉環繞湖水綠床頭牆，創造周邊軟裝搭
配出湖光水色的自然色彩風情，帶來悠閒的
北歐風。

216

圖片提供 © 優尼客空間設計

216 嫩綠對應木色，令人放鬆的自然系臥室

餐廳空間以帶有灰色調的木色作鋪成，構築沈著平穩的空間調性，同樣帶點灰調的綠則在和諧中，為空間注入活潑的特質，餐椅等傢具的呼應更為整體空間增添完整性。

TIPS〉帶有灰調的嫩綠可以為沈穩的空間帶來更多活力，同時加深視覺和諧感。

217

圖片提供 © 摩登雅舍室內設計

218

217 清新藕粉色，點綴優雅情調

運用白色線板為餐廳拉出邊框，並以文化石牆面增添視覺層次，奠定優雅的美式基礎。而壁面輔以藕粉色鋪陳，下方則配置線板，粉白雙色的搭配，展現清麗高雅的視覺效果。

TIPS〉為了凸顯高雅質感，特地搭配霧金色古典吊燈，低調的霧面色澤，悄然蔓延著華質感。

218 清新綠意，圍塑孩子的草原夢境

兒童房的床緊鄰窗戶，可接收到美好的自然採光，搭配著淺綠色牆面，形成溫暖舒適的場景，並在床頭採木紋色包覆，讓使用者可在溫潤質樸的氛圍中熟睡，並將孩子的塗鴉作品作為裝飾，置放於床頭，形成溫馨焦點。

TIPS〉刻意選用紅色的椅子做跳色，形成視覺亮點，天花樑柱也加入黑色妝點，提升整體空間高度，帶出房間層次。

圖片提供 © 緯傑設計

219

219 水泥與木色，創造帶有溫度的現代風格

暖灰色的空間主調，為水泥感的現代風格中注入一絲暖意，腰帶的留白處理則在視覺比例上做出區隔與層次，上半部以水泥吊燈帶出線條變化，下半部則以暖木與純色餐椅創造視覺亮點，增添餐廳空間的趣味性。

TIPS〉塗料與配件色系若能相呼應，可以為空間帶來穩定的一致性，同時透過線條變化，增加視覺層次。

圖片提供 © 實適空間設計

圖片提供 ⓒ 羽筑空間設計

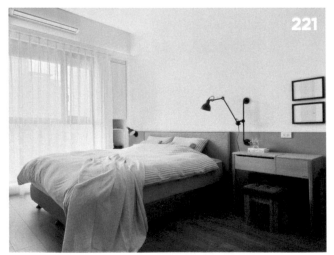

221

圖片提供 ⓒ 實適空間設計

220 特調湖水藍營造北歐印象

如湖水般夢幻甜美的湖藍色是許多女性心目中首選的主題色調，在本案中為了讓湖藍色更耐看且好搭配，設計師刻意將色彩略微調淡，用以作為電視主牆的底色，與整體空間的北歐風格十分相襯。

TIPS〉適度搭配質感精緻的配件可以讓設計感大大提升。如本案選用玫瑰金色的燈飾，微微點綴出輕盈的奢華感。

222

圖片提供 © 北鷗室內設計

221 善用腰牆設計，兼具個性與視覺和諧

若不敢在臥房中採用大面積的色牆，可以試著以腰牆的方式呈現，讓色彩水平高度切齊床頭，視覺上更加整潔一致，同時以床頭布色呼應牆面的藍，進一步加強主題色，讓個性更鮮明。

TIPS〉大面積的留白處理，弱化空間原有的瑣零線條，同時將空間色彩維持相同水平，取的個性與柔和的視覺平面。

222 舒適清爽，天空般的藍色視野

男孩房大面積揮灑設計師自調的淺藍色彩，更貼近居主心目中的清爽色調，並以同色系床單呼應，創造和諧的視覺層次，帶來海洋或天空的自由聯想，同時融入簡約的空間線條，搭襯造型鐵件床頭燈，展現爽朗的寢臥表情。

TIPS〉以冷色藍即中性白建構清爽氛圍，但帶入暖色系床燈灑落溫暖光源，瞬時中和掉冷感，並形成對比效果。

223

圖片提供 © 大晴設計

223 小面積色牆，創造空間亮點

以淺色為主的臥房空間，因應屋主喜好，以 L 型的木色天花作為主牆中心，人字拼設計則帶來更多視覺變化，另外，一旁佐上的薄荷綠，為幾近純色的空間增添彩度與生氣。

TIPS〉若想在清爽的空間中加入鮮豔色彩，建議可先從小面積的比例下手，具有畫龍點睛的效果，也不易失手。

圖片提供 © 日作空間設計

224 灰白手感塗料創造明亮層次效果

40坪的老屋翻修,玄關處鋪設黑色地磚並做出高低落差界定場域範疇,從入口串聯至客廳的牆面選擇帶米的灰白色塗料,結合窗外採光創造明亮感受,添加了稻草梗的手感塗料為背景,則是更能拉出與前景物件的層次感。

TIPS〉玄關黑色地磚元素串聯至客廳,成為比例較小的天花板燈槽、壁燈,空間更有連貫性。

225 純白搭佐好採光,打造會呼吸的空間感

採用純白、輕淺色調搭配木元素,營造即為極簡的北歐空間,透過淺色的沙發軟件與白色量體,讓空間機能顯得輕盈無壓,取代沉重的收納櫃印象,並加以黑色框邊強化立體感,以及綠植妝點,移植了北歐人熱愛自然的特質。

TIPS〉以窗面導引日光,搭配白色窗簾與環境相稱,不著痕跡地適度遮光,讓陽光與白色達成呼應,共構開闊的空間感。

圖片提供 © 北鷗室內設計

226+227 清透亮色彩打底,創造家的小清新

清新舒爽的住居感,讓人能擺脫沉重生活壓力,設計師以北歐風為設計的定調發想,白色基底看似老梗,卻能透過光線,與檸檬黃櫃體完美詮釋出自在純淨,玻璃磚方寸堆疊,也減輕了牆面重量,格局輕盈了,怎麼居都舒心。

TIPS〉明鏡將樑體做三面包覆,不僅化解自上而下的有形壓迫,清透反光的鏡面效果,則為居住者勾勒出明亮的居家面貌。

226

227

圖片提供 ⓒ 方構制作空間設計　　　　　　　　　　圖片提供 ⓒ 方構制作空間設計

228

圖片提供 ⓒ 大雄設計

228 寧靜灰牆漆出知性優雅現代宅

在現代風住宅中，設計師選擇以知性優雅
的淺灰色調作為基調，搭配染深木皮的牆
櫃與淺色木皮的地板作襯底，讓自然木色
的溫潤特質與寧靜氣息的灰色結合，一同
醞釀出俐落紓壓的生活空間。

TIPS〉餐桌上方大樑上與電視牆旁邊的櫃門
上，均有茶鏡材質作出帶狀線條設計，不僅
增加造型感，也讓空間視覺延伸。

229 注入寧靜藍，流露清新質感

客廳樑柱與牆面大量加入寧靜水藍，色彩一路蔓延至餐廳，讓開放的客餐廳形成一體，樑柱與地面踢腳板運用白色線板框邊，注入美式鄉村風格的典雅線條。電視牆巧妙運用米白文化石鋪陳，與木色地板相呼應，有效穩定空間。

TIPS〉傢具選配上，吊扇特意選用白色，與大花融為一體，沙發則採用淺灰色，柔雅的中性色讓空間更為典雅。

圖片提供 © 原晨室內設計

230

圖片提供 © 原晨室內設計

231

圖片提供 © 晟角制作設計有限公司

230 灰藍襯白色線板，打造優雅線條

由於本身的屋高偏低，再加上樑柱、牆面有歪斜情況，因此重整天花，改以圓弧的白色線板修飾樑柱，搭配灰藍色牆面，形成宛若描邊般的框線效果，讓空間更為立體。而降低飽和的灰藍，能呈現寧靜安和的氛圍。

TIPS〉為了讓視覺更為簡潔，玄關牆、電視櫃與廚櫃皆採用白色牆面，整體以藍白相間的搭配凸顯出簡約質感。

231 用蔚藍晴空牆演繹日日好日的靜好生活

在這個公共空間中，設計師在大面積的牆面上大量使用粉藍，企圖打造晴空，與米白半身線板相搭配，好比藍天白雲，室外自然光線在半透白窗紗掩映下，整個空間都洋溢著輕裸舒適的法式浪漫。

TIPS〉暖黃投射燈的照明與溫潤木地板相互呼應，這裡的藍白配色不但不顯冷，反而多了暖洋洋的慵懶舒適。

232

圖片提供 © 構設計

232 光影搖曳，用綠書寫一屋子小清新

屋子本身擁有十分遼闊的戶外美景，採光條件得天獨厚，加上年輕屋主偏愛清新的室內環境，於是設計師以帶有粉嫩蘋果綠作為客廳牆面主色，搭配新古典氣質的白色造型線板，在陽光投射下，自然展現活潑奔放的舒適氛圍。

TIPS〉淡淡原木色地板展現溫暖調性，能與立面冷色系的輕淺白綠色彩完美互補。

233

圖片提供 © 晟角制作設計有限公司

233 從核心色展延幸福專屬空間

僅 12 坪的小坪數套房，既要五臟俱全，又要有能自由呼吸的寬敞格局，取用女屋主偏愛的粉紫色為靈魂重點，開放空間中粉紫櫃牆成了核心，選搭白色小吧檯、電視櫃或是木紋貼皮等，加上木質地板的溫潤，幸福感油然而生。

TIPS〉電視後方收納櫃體層板底端用較沈的色彩，對上淺紫櫃門層次明顯，也形塑了簡單的居住動線。

234

圖片提供 © 晟角制作設計有限公司

234 慵懶愜意的英式藍調讓空間更有型

近 30 年的老屋重新翻修，並存宅邸的懷古與新意，選以屋主喜愛的藍色調，搭配英式古典為主軸，拋光石英磚黑白簡約與藍色櫃體巧妙融合，保留了窗邊坐榻的松木色彩，為光線切出應援，構成了優雅古典的家屋風景。

TIPS〉以藍色為主調的立面櫃體，在自然光線的烘托下，讓室內更顯窗明几淨，舒適的感覺也油然而生。

235

圖片提供 © 原晨室內設計

235 高彩度藍色，為家注入清新北歐

由於屋主偏好北歐風，因此在牆面鋪陳清新的藍綠色為定調，而臥室房門也延續相同色系，統一視覺的同時，也展現寧靜自然的韻味。而軌道燈也烤漆上水藍色，搭配深藍沙發，深淺藍色的搭配讓空間更有層次。

TIPS〉由於此為老屋，有著屋高較低的問題。因此拆除天花，以木皮包覆大樑，溫潤質感為北歐空間注入並以軌道燈滿足照明機能，形成宛若小木屋般的度假情調。

236

237

圖片提供 © 石坊空間設計研究　　　　　　　圖片提供 © 石坊空間設計研究

<u>236+237</u> 活絡氛圍的紅，為過道添醒目焦點

往返泳池與健身房之間的過道空間，為符合家中專業運動選手孩子的青春熱血，在主視覺的湖藍色外，選擇以色彩飽和的法拉利紅做牆面塗裝，煥發神采的鮮明色塊，激盪活絡了灰階空間氛圍。

TIPS〉霧光塗料對應盤多魔地板細緻光滑質地，在燈光照射下，融合兩者不同素材的光澤質韻，創造視覺豐富性。

238

圖片提供 © 晟角制作設計有限公司

239

圖片提供 © 晟角制作設計有限公司

238+239 雙主色與天然木材質零負評的絕讚配置

從1樓拾級而上的書房空間，樓梯扮演著樓銜接層、串聯轉換場域氛圍的重要角色，設計師在天花板沿用樓下的藍色主調，以造型板修飾上端壓力，並在牆面增加了文青氣息的淡綠，藍綠在木地板材質與木桌板的烘托下也更顯書香。

TIPS〉T字大樑若包起，只會降低樓層高度形成壓迫感，設計師僅以深色造型板修飾側面，一解樑柱的壓迫感，同時也創造出別緻的天花設計。

240 明亮色與間接照明許居家活潑個性

考量本身樓板不高且屋樑很多的客廳場域，設計師連結天花與牆面，延伸出空間寬廣無壓的視覺感，檸檬黃牆面在間接燈光照耀下更顯鮮明，與嫩綠沙發相呼應，創造明亮清爽、滿滿好心情的愉快空間。

TIPS〉過於艷麗的色調常讓人卻步，牆面鮮黃、嫩綠與淨白的簡單搭配，即意外碰撞出小清新的生活味。

240

圖片提供 © 子境空間設計

圖片提供 © 子境空間設計

242

圖片提供 © 子境空間設計

241+242 嫩綠與橡木巧妙混搭北歐森林之家

在這個特殊格局中設計師以「樹」為主軸，將屋內罕見十字大樑化為想像無限的樹木造型，開放式場域援引日光，大量白色基底不僅不乏味，反能把嫩綠與橡木色烘托得淋漓盡致。

TIPS〉礙眼同時壓力重重的樑柱搖身一變，成為全家朝氣蓬勃的精神象徵，也是塗料色與材質色完美結合的最佳模範。

243

243 清爽無限，木紋與藍調的優雅序曲

以優雅的深藍色鋪陳牆面，搭配灰色床單，
帶出中性的洗鍊氣質，同時為了不讓深藍
色調過於冰冷緊窒，給予淺色木紋修飾，
並盡可能讓空間量體以懸空、透空等形式
展現，創造輕盈機能表現，平衡整體視野。

TIPS〉將深藍色保留在牆面上半段，天花板
維持白色，牆腰以下則給予淺木色延伸至地
面，可讓深色空間不致壓迫失衡。

圖片提供 ⓒ 緯傑設計

244

圖片提供 ⓒ 澄橙設計

245

圖片提供 © 北鷗室內設計

246

圖片提供 © 羽筑空間設計

244 墨黑搭配藍月色，渲染沉靜睡寢氛圍

藍月色塗料塗覆四個立面、延伸橫樑直至天花，並於上方留白，在營造空間氛圍之餘，達到拉高樓高、為空間減壓效果。傢具搭配墨黑色床架、灰藍拉扣單椅與白色木百葉，沉靜的美式臥房隨即應運而生。

TIPS 〉美式木百葉、藍月色塗料與純黑床架、灰藍色單椅令空間環繞在一股無法言說的靜謐舒適氛圍中；留白大花則是為了拉高樓高、不顯壓迫。

245 恬靜溫和，壁與天的美好延伸

兒童房以溫和的天藍色做為主調，並讓天花、立面做延續處理，向下框設出一方孩子靜謐甜美的夢鄉，讓孩童可在恬靜的藍色調之中，獲得身心的全然放鬆，牆面則巧思嵌上兩座木屋造型展示架，點出童趣感的視覺焦點。

TIPS 〉一旁嵌衣櫃門片，選用藍色水性漆料做噴漆處理，與床頭顯出深淺不同的層次，透過色彩重新定義，將櫃門表情改頭換面。

246 搖滾紅藍建造自己的小宇宙

喜愛玩重機的屋主，收藏及衣飾裝備都帶有象徵衝勁的紅色元素，因此設計師特別挑選深藍色作為空間襯底色，讓藍色沉穩冷靜的性格來襯托紅色充滿爆發力的能量，創造出獨一無二的個人風格。

TIPS 〉設定空間主題色調之前應充分考慮屋主本身的收藏物件，才能夠打造出真正屬於居住者的個人色彩。

119

247

圖片提供 ⓒHATCH Interior Design Co. 合砌設計有限公司

247+248 水藍、木紋交織北歐風景

寬闊舒適的開放式廳區，入口連貫廳區的大面牆色刷飾淺灰，對應餐廳牆面覆以柔和的水藍基調，並連貫成為書牆的局部點綴，再加上些許白色與木質元素，傳達北歐溫暖舒適的氛圍。

TIPS〉在溫和的淺色背景框架之下，特意擷取同色但彩度較高的抱枕、燈具，並運用雙色搭配手法，提高空間的豐富度。

248

圖片提供 ⓒHATCH Interior Design Co. 合砌設計有限公司

249 自在流動的丹寧藍清新小宅

一個人住的 20 坪房子，由於屋主平常熱愛露營戶外活動，討論初期即希望能帶入大自然的色系，例如藍、綠，考量居家用色仍需著重舒適，因此選用低彩度單寧藍色為主軸，與白色交錯勾勒的線條造型，呼應帳篷意象，也讓視覺更為立體。

TIPS 〉 丹寧藍特意延伸至包覆樑柱，反而有減少壓迫的效果，配上迴字型的生活動線，採光舒適怡人。

249

圖片提供 ©HATCH Interior Design Co. 合砌設計有限公司

250

250 灰色手感溫度，傢具軟件的絕佳襯底

在亮白色與好採光之間，揉入了低彩度的灰色背景，並加入傢飾品或畫作裝飾，搭配淺色木作櫃體、黑色鐵件展現機能，形成低彩度、具溫馨感的居家場景，結合了現代禪與北歐語彙，完成屋主心目中的夢想場景。

TIPS〉採特殊水泥鋪陳牆面，給予深淺變化的色澤與鏝刀痕跡，透過手工鏝法，逐步修正色調，構成具有手感的牆面肌理。

251

251+252 純淨透亮的簡約美式宅

黑白灰一般會讓人聯想到極簡，然而設計師透過開放式格局規劃，整體以純白為基礎，帶入小比例的灰黑鋪陳櫃體與格子窗，中性灰階與白大理石紋地鐵磚做為廚房基調，以及玄關至餐廚的人字磚材鋪貼，一點一滴圍塑出美式氛圍。

TIPS〉料理區壁面與客廳的窗簾盒部分，特別挑選黑與白之間的灰階色為調和，避免視覺氛圍過於冰冷，而深灰則選擇局部點綴，讓空間維持在純淨白亮的效果。

252

253 多色塗料潑灑手法，增添活潑生活感

進入了主臥空間，設計師選擇跳脫乏味的單一色調，保留 80％白牆和 15％的木色地板與床頭櫃，將剩下的 5％納入其他空間運用的色彩元素，營造出彷如塗鴉畫作的主題牆，簡約中迸發清新舒適的色彩焦點。

TIPS〉將整體居家空間出現的藍、黃、灰三色，以塗料隨興潑灑在牆面，牆面變得饒富趣味，同時延續整體空間色彩的一致性。

262

圖片提供 ⓒ 澄橙設計

261 蒙布朗栗色秋意上心頭，輕柔好暖和

臥室完全回歸舒服安定的私領域定位，床頭牆選用蒙布朗栗色塗裝上色，偏灰的暖色調帶來一種秋日般的清心之美，輕柔而淡雅。簡鍊的軟裝搭配，讓採光充分挹注室內，通過百葉窗門，形成錯落的光影景致。

TIPS〉巧妙地運用臥室中間樑的結構，蒙布朗栗色床頭牆與白色底牆形成一道分色牆，創造一處隱形的室內陽台生活風景。

262 棲息地綠簡潔牆面，沉靜色打造好眠空間

將色彩彩度降階，利用大片的綠也能打造出舒適、無壓的睡寢空間！棲息地綠色塗料簡單搭上各種白色軟件、小碎花床單、普普風抱枕，讓人一走進空間便能沉澱紛雜的思緒，徹底放鬆休息。

TIPS〉主臥背牆選用棲息地綠，低彩度搭配白色百葉窗、立燈與床頭櫃，令空間縈繞一股清新、沉靜氣息。

263

圖片提供 ⓒ 原晨室內設計

263 注入大地色，塑造好眠臥室

屋主偏愛溫暖舒適的鄉村風，因此在特別需要寧靜氛圍的主臥中，大面積鋪陳淡雅的大地棕，中性無彩度的色系不干擾空間，反而能帶來沉穩感受。同時搭配白色的直紋線板，展露鄉村風的質樸韻味。

TIPS〉不論是床鋪、床頭櫃，甚至是窗邊臥榻，皆以木材質打造，與牆面的大地色相輔相成，共同凝塑溫潤氛圍。

圖片提供 © 六相設計

264 染灰手法保留空間純粹原始本色

為了維持空間自身純粹本真的美學性格，設計師保留天花板原始結構面質感，並且採用具滲透性的染色材料修飾駁雜髒污之處，讓空間展現純淨無瑕的表情，更彰顯整體的素樸形象之美。

TIPS 電視牆面則以木作打底，再搭配仿清水模質感的藝土灰泥材質，呼應整體空間的純粹調性。

圖片提供 © 禾光室內裝修設計

265 岩石粗獷紋理刷出自然氛圍

以北歐森林概念為空間設計主軸，沙發背牆利用義大利創意塗料 Novacolor 刷飾，為以天然石灰粉及礦物構成的水性塗料，透過塗抹技法的清水幾何紋理，帶來粗獷的自然質地，前景沙發則配上不同灰階色彩，延續氛圍與創造視覺層次。

TIPS 傢具部分搭配原木色系的桌几及絨面質感的鮮色抱枕、植物等些微彩色系做點綴，回應大自然森林空間主題。

圖片提供 © 緯傑設計

266 深灰與木色，溫潤沉穩的優雅格調

客廳配置深灰色沙發牆搭配同色傢具，顯出沉穩大方的印象，但為不讓空間顯得過於沉重，加入淺色木皮妝點，並特別訂製 L 型沙發，以俐落傢具流線讓場域看來更舒適開闊，沙發下銜接的木色更刻意做出深淺色差異，帶出質樸味道。

TIPS 為讓牆面具變化，於一旁刻出木色凹槽，在高處鑲嵌燈具，透過暈柔的光線烘托深色空間，詮釋藝廊般的靜謐氣息。

267

圖片提供 © 璞沃空間 /PURO SPACE

267 原木色與灰色冷暖撞擊，打造舞台視覺張力

首先把客廳置中，用人字拼木色地坪與燈光描繪主要活動區輪廓，兩側寬度 90cm 走道則以灰色鋪陳天、地、壁，運用優的鋼石作地坪，取其精緻質感與灰色調性，用冷色調襯托主視覺的暗處設定，讓明暗在色調襯托下營造深具視覺張力的私人舞台。

TIPS〉利用灰色與木質人字拼的冷、暖色調反差特性，為機能場域與過道作出明確分野。

268

圖片提供 © 緯傑設計

268 靜謐紓壓的雋永質感

兼具接待與休憩意義的客廳場域，引用自然質樸的選材與用色，構築出休閒自適的生活視野，灰色沙發牆與深灰色門片形成呼應，帶出冷色的深淺層次，但為避免過於冷調，仍使用大量木紋色引入溫煦氣息，打造出放鬆氛圍。

TIPS〉大花板的樑柱於垂直面加入黑色勾勒，水平面則維持白色，透過對比色弱化樑柱壓迫，並讓空間更形挑高立體。

269

圖片提供 © 日作空間設計

269 鵝黃與木色加乘明亮度

為呼應小女孩活潑性格，臥室床頭牆面塗刷了彩度高的鵝黃色，搭配空間裡深柚木與淺松木材質色調的層次變化，營造明亮又活潑的氣息。

TIPS〉深淺木材質和鵝黃背牆，因為大面開窗灑落的陽光，更顯空間明亮光感與溫度。

270

圖片提供 © 寓子空間設計

270 森林綠、鵝黃添增空間活潑律動

透過多彩漆料運用，讓家變身森林間的悠然居所。通往房間的廊道有著豐富色彩語彙，廊道盡頭的森林綠端景牆及書房一側的鵝黃牆面與黑板漆，促使空間多了活潑與趣味性。

TIPS〉擷取自然森林的綠色與鵝黃色局部鋪陳牆面，於光影變化下，營造舒適無壓氛圍。

271

圖片提供 © 甘納空間設計

271 淡雅潮流配色襯托公仔蒐藏

從事服裝設計業的屋主，同時喜愛蒐藏公仔，設計師以粉紅搭配綠的流行組合置入居家，蒐藏公仔的屋中屋鐵件框漆以淡粉紅色，自玄關到餐廳則為綠色，讓空間視覺有了多元且調和樣貌。

TIPS〉以輕盈且降低彩度的色彩作搭配，凸顯公仔的獨特性，同時也讓房子依然耐看。

272 造一個森林系餐食空間

取材自森林，設計師選用了淺棕綠色作為餐廳背牆主色，配合淺木質餐桌椅與留白天地壁，打造一個健康無壓的餐食空間。

TIPS〉援引窗外自然光，讓源於大自然的色彩元素，因陽光有了更細緻的空間表情。

圖片提供 ⓒ 樂創空間設計

圖片提供 ⓒ 樂創空間設計

273 為餐廳添滿活力的一抹草綠

透過地板、桌板與天花板三種色階與層次的木質感設計，醞釀出北歐森林氣息，吧檯邊豎立一面草綠牆面不僅拉出視覺焦點，更為空間迎進滿滿活力生機。

TIPS〉草綠漆牆與木質桌椅的組合，營造野餐般的氛圍，搭配白色造型吊燈增添光亮與清新感。

274

圖片提供 © 日作空間設計

275

圖片提供 © 森境 & 王俊宏室內裝修設計工程

276

圖片提供 © 森境 & 王俊宏室內裝修設計工程

274 灰藍牆描繪空間的溫暖簡約

以木材質為主調的獨棟住宅，每間臥室都依照使
用者的性格搭配不同牆色，男孩房的灰藍色牆與
木色交織運用，營造溫暖俐落的空間氣息。

TIPS〉灰藍牆上的閱讀壁燈，運用微黃光源為表
述沉靜舒眠氛圍的寢區，多添加幾許溫度。

275+276 溫實底蘊的灰階協奏曲

在採光充足的客廳裡，帶灰階的駝色取代白色作
為基底色調，除增加空間的底蘊與厚度，其中暖
馨感的駝灰色面，與明快理性的清水灰色布面沙
發，形成和諧又有層次的協奏曲。

TIPS〉恬靜的駝色空間，配置帶有北歐風的清爽
荷綠地毯與椅子，妝點出活潑氣韻。

277 玩色傢具為色牆洋溢活潑氣息

以白色、秋香色形塑溫潤立面色調，成為展現多
彩傢具的最佳映襯背景，檸檬黃、藍灰色沙發
與多彩抱枕，讓溫雅的空間中又妝點上清新繽紛
感。

TIPS〉對應淨牆的平光質地，布質沙發傢飾，在
色彩或觸感上，都為沉靜的居家帶來活潑調性及舒
適生活感。

278 綠櫃森林悠然靜享閱讀

陽光豐沛的 80 坪樓中樓空間，書房區以挑高斜
頂天花，增添休閒況味，木框架書櫃搭上草綠色
背牆，與室外自然綠意相呼應。

TIPS〉草綠書櫃牆輔以木材框構開放式櫃體，搭
配同色系單椅，於光線作用下，猶如置身森林般地
療癒與放鬆。

圖片提供 © 北鷗室內設計

279 藍黑書牆繪出沉靜閱讀氛圍

明亮的書房空間裡，以簡約的顏色打造內斂質感，書桌前穩重的藍黑色牆提升專注力；白色書架則有吸睛效果，搭配牆面下方約 1/3 之處的木皮踢腳板，為空間增溫並具有拉高效果。

TIPS〉纖薄的烤白鐵製書架與點加牆色，為書房架搆出具現代感的色調與極簡美感。

圖片提供 © 新澄設計

圖片提供 © 日作空間設計

圖片提供 © 甘納空間設計

圖片提供 © 一水一木設計有限公司

圖片提供 © 北鷗室內設計

280 黑板漆櫃體集中視覺焦點與機能

屋主嚮往北歐生活，因此設計師以簡單俐落的北歐風手法規劃空間，玄關入口的一整面櫃牆整合了書櫃與鞋櫃機能，塗佈黑板漆的櫃面為空間增添現代簡約感，也提供從事日文教學的屋主最實用的教學需求。

TIPS〉木質基底的北歐風空間，以黑板漆的重色扣住空間整體的視覺焦點，引導出生活空間的重心地帶。

281 靛藍沙發牆挹注靜謐氛圍

開放式格局規劃，透過一片靛藍色沙發背牆，挹注輕鬆靜謐的生活氣場，搭配精選的傢具與跳色抱枕，於淺白背景中，演繹獨特風格。

TIPS〉刻意保留梁柱的白，搭配大片的藍牆，營造視覺的深邃感。

282 灰綠色牆面提升閱讀情緒

客廳後方的開放式書房場域，以灰綠色牆面對客廳的純白作區隔，稍微淡化為嚴肅的工作空間，並提升閱讀情緒。

TIPS〉溫潤的灰綠牆面襯著木色櫃體與書桌，再以白椅與綠色植栽點綴出輕鬆的盎然之氣。

圖片提供 © 北鷗室內設計

284

圖片提供 © 北鷗室內設計

283+284 以材質堆疊灰階色多樣表情

有別於一般北歐風的純白牆面，設計師在
餐廳空間使用不同彩度的灰來呈現質感，
以大面灰牆當底，搭配帶紋理的木質櫃與
中島立面色，讓空間多了豐富表情。

TIPS〉以材質展現不同的灰，並運用燈光搭
配淺木色餐桌與壁櫃，調和隨興的生活感。

285

285 薄荷綠搭淺木色，注入舒心暖流

設計師為營造咖啡甜點店的自在與舒適，以黑白對比、清爽薄荷綠和原木色作為空間搭配和色彩規劃，讓整體空間充滿現代簡約的氣息，形塑出別緻且無壓力的氛圍。

TIPS〉無論是色櫃檯或薄荷綠牆面漆牆，都以木邊與其搭橫，讓塗料色彩因為木材色調的潤飾，更具溫度感。

286 襯托傢具畫作的雅致灰藍底牆

以傢具色調作出發，為營造沉靜大氣的客廳氛圍，刻意選用與傢具同色調的灰藍色主牆，坐於沙發更有種完全被包覆的舒適性，同時也藉此烘托出壁畫與吊燈的別緻。

TIPS〉為了使藍灰色調的立面有拉升效果，設計師於天花板與樑線刻意飾以白漆，讓空間更有立體感，也拉高了牆面。

287 青蘋綠營造明亮生活廚房

鄉村風的生活廚房，不只有木頭與花磚的組合，搭配青蘋綠牆面與白色美式線板系統櫃體，明亮日光的催化下，打造出清爽簡約的用餐領域。

TIPS〉木質與花磚形構的廚房，搭配上舒心的青蘋綠漆牆，映著光影灑落，讓空間裡色調與材質紋理更顯清新明亮。

圖片提供 © 懷生國際設計

286

圖片提供 © 森境＆王俊宏室內裝修設計工程

圖片提供 ⓒ 澄橙設計

288

圖片提供 ⓒ 明代室內裝修設計有限公司

289

<u>288+289</u> 淡綠色宛如自然綠意注入空間

為了讓書房區與窗外美景相融，牆面刷上的淡綠色，宛如自然綠意注入其中，藉此平衡整體空間色調，也讓室內透進一抹清新草香。

TIPS〉臨著大窗的良好採光，為淡綠色展示牆面與木質地板帶來光亮質地的細緻感。

圖片提供 ⓒ 明代室內裝修設計有限公司

290

291

圖片提供 ⓒ 大湖森林設計　　　　　　　圖片提供 ⓒ 大湖森林設計

<u>290+291</u> 從屋主身上擷取有趣的配色靈感

空間的挑色取決，除了大量吸取國內外經驗之外，業主的偏好、想法更是設計中的重要靈感，本案襯托房間主人女孩待嫁的喜氣，藉典雅深邃的桃紅色彩描繪出幸福而別緻細膩的貴族氣質，展露屬於新古典華麗的風格美感。

TIPS〉大紅色雖然華麗卻容易形成視覺疲勞，小處的跳色點綴則能輕鬆讓問題解套。

圖片提供 © 摩登雅舍室內設計

292 浪漫薰衣草紫鋪敍柔美寢區

輕古典的浪漫風華，從四柱床的使用即看
出端倪，深棕搭配薰衣草紫，凝塑大器氛
圍，搭配上深色傢具相應和，在沉穩中注
入一絲柔美氣息。

TIPS〉深棕色的四柱床柜，搭配靜雅的紫色
牆面，接續的色調屬性，拉構出空間內斂的
氣韻。

293 仿木紋清水模的溫馨日式風

因應屋主對日式風格的喜愛，設計師以簡
約溫暖的日式風格定調，以仿木紋清水模
塗料作為客廳挑高立面，搭以木構框，描
繪質樸日式居宅況味。

TIPS〉木紋肌理的表現，呼應溫暖的日式基
調，紗質單層窗簾，更為空間添明亮。

圖片提供 © 日作室內設計

294

圖片提供 ©FUGE 馥閣設計

294 馬卡龍色的繽紛童趣風

以馬卡龍色調營造帶有童趣的小孩房空間，設計師選用來自美國的木器漆刷飾櫃體，為素雅的白色調空間，帶出色彩飽和且帶有珠光細緻的溫潤質感。

TIPS〉木器漆賦予飽和且有光澤的櫃體立面，在光源映照下，更加凸顯保留原有木紋質地。

295 如茵綠地帶回家，自然的輕盈空間

微調中古屋的原先格局，將公領域規劃為適合相聚的開放空間，兼具獨處與歡聚機能的空間，配上輕巧蘋果綠及黑色鐵件線條，採用交錯運用的材質與色塊，堆疊出仿若無重力的 3D 立體空間。

TIPS〉開放餐廚設置大面積玻璃門片援引光源，彰顯蘋果綠的鮮明，搭配牆面和地坪大量的木質元素，營造出北歐風的閒逸品馨。

295

圖片提供 ©懷生國際設計

296+297 色彩混搭，展現多元的生活本質

在寬敞明亮的空間中，選用暖色系為主軸，帶出鄉村風的溫馨情韻。樓梯邊牆運彩色珪藻造型牆面，清新自然的綠色搭配溫暖黃色，與藍色仿舊斗櫃巧妙呼應，簡單跳色營造不簡單的活潑風格。

TIPS〉除了一般塗料外，珪藻土不僅能利用工法、顏色展現藝術之美，更有利於清淨空氣的青藤釋漆牆，映著光影灑落，讓空間裡色調與材質紋理更顯清新明亮。

圖片提供 © 采荷室內設計

圖片提供 © 采荷室內設計

298 油畫筆觸，創造藝術寢臥格調

臥房牆面運用跳色紋路展現油畫般的筆觸底韻，
錯落的湛藍色斜紋及直線白牆讓這片視覺毫不乏
味枯燥，唯獨床頭背牆上方設計師給了房主喘息
空間，恰到好處的疏密安排是再高明不過的前衛
現代風設計。

TIPS〉室內並無主燈照明，而是在天花邊緣處作嵌
燈設計，床頭重壁設計吊燈，盡展典雅氣息。

圖片提供 © 懷生國際設計

圖片提供 © 采荷室內設計

299 鮮果綠創造甜而不膩精緻家

以鮮亮的黃綠色彩，點亮室內明朗視覺焦點，在白色基底空間中營造出獨特的空間端景。天花板藉由木樑設計，減少原有樑柱的壓力，也更具小鎮風格的質樸魅力。

TIPS〉同一立面中跳色選搭最能中和過於繁複的設計，只要選對色彩，所有配件都能相對加分。

圖片提供 © 懷生國際設計

圖片提供 © 大湖森林設計

301

302

圖片提供 © 大湖森林設計

300 色塊圖層拼貼讓牆面活潑起來

有別於一般咖啡店沉重偏暗的氣氛設定，設計師用四大色塊做基底圖層，將木頭、薄荷綠與海軍藍搭配拼接，純粹而醒目，牆上更以招牌貓咪圖樣做為彩繪裝飾，讓整體空間感活潑跳躍了起來！

TIPS 當材質與色彩拼接，白色色帶不僅讓空間更具個性，也有了最好的收邊。

301+302 門片跳色展現內外層次舒眠環境

以往廁所門片總是不佳風水的存在，設計師往往將其與牆壁融合隱化，然而本案中設計師巧手大改造，把再尋常不過的門片以藍色系抽象水彩畫修飾，立體畫框更彰顯風格，燦黃在光線照耀下也顯得明亮舒爽。

TIPS 柔和半透黃乾濕分離門則能帶來明亮，與藍色搭配形成藝術感端景。

303 特殊漆料手法創造低調層次

僅有 6 坪左右的挑高套房，在不另作夾層的情況下，必須充分運用有限的單層平面空間，臥房以灰、黑、白的無色彩處理，展現屋主冷靜理性的個性。

TIPS〉高達 3 米 6 的床頭牆面，以乳膠漆搭配特殊工具，製造不規則紋理，隱約的紋理為單色為主的空間增添變化。

圖片提供 © 裏子空間設計

圖片提供 © 子境空間設計

304 高彩度色牆，帶出活潑氣息

高彩度的木瓜黃漆色，為房間帶來不同於光線的明亮感受，整體氛圍以牆面的選色為重點，再以其他物件搭配顏色。讓人猶如置身南洋風格的空間，感受到其傳達出沉穩溫暖的休閒態度。

TIPS〉透過木瓜黃的選色，將牆面轉化為充滿活力的意象，再選用暗紅色線條的物件搭配，組構出極具特色的個人風格。

305 如靜物畫般美好的深邃藍主牆

大膽地以暖色木皮為全室主色調，穿插時尚深邃藍的配色，讓原本狹長格局的老屋變成自然且具有延續視覺的生活空間。主臥房內側以深邃藍牆為背景，搭配木吊櫃與掛畫，展現如靜物畫一般的藝術美感。

TIPS〉在走道區的天花板選擇以白色遮板來修飾樑位，同時也為木質調空間帶出潔淨明亮的視覺效果。

圖片提供 ⓒ 森境＆王俊宏室內裝修設計工程

圖片提供 ⓒ 甘納空間設計

306 鮮明對比色烘托空間的沉穩洗鍊

喜愛工業風卻又不想空間過於沉重壓迫，設計師以對比色彩手法，白色吧檯、黑框落地窗面與電視牆，加上櫃牆走藍調風，以及衍生出灰綠、灰藍作為沙發色，空間富有層次且彼此協調。

TIPS〉藍色櫃體配置了貓咪行走的貓道，對比鮮明的白色層板襯托出櫃體洗鍊的藍調質感。

307

圖片提供 © 日作空間設計

308

圖片提供 © 澄橙設計

307 橄欖綠帶來療癒與紓壓效果

延續公共廳區的灰白框架，在進入主臥房後變
成了灰色窗簾，讓空間之間有了串聯性，牆面
主題則因應屋主喜愛的植栽，選用低彩度橄欖
綠刷飾，散發沉靜舒適氛圍。

TIPS〉在灰白框架的空間中，橄欖綠的背牆，猶
如將具有療癒的植栽帶進來，寢區更添療癒感。

308 牆與櫃的浪漫對話

設計師將電視主牆賦予屋主喜歡的仿清水模質
感，輔以實木櫃與層板增加溫潤色感；另一方
面則運用淺紫色的牆櫃來與之對話。

TIPS〉除了仿清水模主牆外，俐落的淺紫色壁
板牆櫃，浪漫色調讓整體空間柔和而溫暖許多。

圖片提供 © 樂創空間設計

309 繽紛色彩打造清新明亮宅

本案空間格局與採光條件良好，公共廳區採開放
式規劃，於電視主牆選用嫩綠色作為主視覺，
搭配屋主收納不少繽紛北歐經典傢具，展現清
新活潑氛圍。

TIPS〉嫩綠色主牆與木質色空間相呼應，在家
也能有種更貼近自然的舒心享受。

310 原色硅藻土暈染質樸空間氣息

有別於一般水泥牆，設計師使用原色硅藻土，
表現強烈的簡約風格，而牆上的黑色管線，更
與室內的黑色傢具相互呼應空間調性。

TIPS〉在樸質原色的空間色調中，加入少許木
色及藍色櫃體的使用，增加了空間的溫度。

圖片提供 © 甘納空間設計

311

圖片提供 © 森境 & 王俊宏室內裝修設計工程

311 淺栗牆色照亮木質空間

透過深灰階的配色整合傢具、傢飾及牆櫃、木百葉等，讓用餐空間呈現低調穩重的美感，淺栗色調的牆面鋪排，讓深沉空間與溫暖色牆形成安靜的對比。

TIPS〉木百葉篩濾自然採光，映照在淺栗色牆上，為沉靜木質空間帶出光亮。

312

圖片提供 © 寓子空間設計

313

314

圖片提供 © 一水一木設計有限公司

圖片提供 © 寓子空間設計

312 自然清新的休閒療癒居所

因應屋主嚮往一回家就能放鬆療癒的效果，以咖啡灰作為電視主要背牆，配置淺木紋櫃體，讓人感受溫潤自然氣息，猶如走進森林一般。

TIPS 〉以咖啡灰色抽屜面板作為淺木紋櫃體的跳色，色系延伸，在光線折射下舒療宜人。

313 水泥灰保留牆面手感質地

以白色為基調的空間裡，除搭配木紋地板帶出暖意，沙發背牆直接沾刷水泥，以手工鏝土方式，帶出隨興上色所呈現的 relax 手感氛圍。

TIPS 〉以手工塗刷方式坊製而成的背牆，在光線照射下，讓這些不同色澤紋理的層次效果及質地更加鮮明。

314 柑橘色營造溫暖柔和的法式鄉村風

這個空間主要走鄉村風格，公共廳區以柔和的灰色勾勒底牆，沙發背牆則走柑橘色彩，對應電視紅磚壁紙，強化了空間溫暖指數。

TIPS 〉窗外灑落的自然光，映射在光，將橘磚與柑橘色背牆，為其溫暖度添加明亮光感。

315

圖片提供 ⓒ 晟角制作設計有限公司

316

圖片提供 ⓒ 原晨室內設計

315 降低色彩明度，營造靜謐舒眠氣息

延續屋主喜歡的藍色調，並考量臥房寧靜氛圍的需求，在藍色中另以斜木紋櫃門作部份跳色，帶出櫃面立體感。床頭背牆取用粉藕色，淡淡不飽和感與藍做恰到好處的搭配，呈現臥房中靜謐優雅的氣質。

TIPS〉比起公共領域的豐富跳躍，私密空間裡要將視覺負擔減到最低，宜選擇低明度或低飽和度的配色。

316 統一灰色調，延伸牆面視覺

因應屋主有著大量收納的需求，沿樑下設置櫃體，從玄關延伸至客廳，以灰藕色鋪陳櫃面，上淺下深的兩色設計，增添豐富層次。大門也採用相同藕色，讓視覺得以向左右延展，無形拉長空間長度。

TIPS〉大門門框黑色鐵件的質感與櫃體、軌道燈的鐵件相呼應，拉出俐落的視覺線條。

圖片提供 © 構設計

318

圖片提供 © 原晨室內設計

317 情不自禁慢下腳步的舒適空間

這個空間取名為「晷跡」，當初以「把心慢下來」作為設計初衷，在客廳電視主牆以沈穩實在的水泥灰打底，包覆了客廳收納與臥房門片，夕陽西下時窗外陽光帶來滿室和煦明亮，讓人只想慢下來，好好享受美好的每一片刻。

TIPS》原本冷硬的水泥灰在木色地板與自然光的襯托下，反而能給人不慍不火、舒適和煦的感受。

318 低飽和灰綠，清新不失優雅

為新婚夫妻調整老屋格局，特地增設二進式玄關，拉出格窗牆面與客廳區分。玄關鋪陳淡雅的灰綠色，一路延伸至客廳與餐廳，讓視覺更為和諧，低飽和的色系，呈現寧靜優雅的氛圍。

TIPS》在充滿美式鄉村的基調下，利用淺色木質傢具映襯，與淡雅的草綠色空間相輔相成，統一視覺感受。

圖片提供 ⓒHATCH Interior Design Co. 合砌設計有限公司

319 穩重藏青打造靜謐舒眠品質

主臥房選擇夫妻倆皆共同喜愛的寶藍色調，經過設計師轉換為低彩度藏青藍鋪陳主牆，右側衣櫃配上深色木紋門片，主要光源為床頭一旁懸掛的吊燈，創造出沈穩放鬆的睡眠品質。

TIPS〉 利用白色、淺藍的寢具，調和深色調空間，共同創造溫暖寂靜的場景。

圖片提供 ⓒ 禾觀空間設計

321

圖片提供 © 諾禾空間設計

322

圖片提供 © 地所設計

320 成熟簡約灰，令人安心的睡眠情境

以灰、黑、白作為臥房主軸，挹注沉穩成熟的氣氛，於床頭大面積鋪敍深灰色水泥粉光，軟裝亦選用輕盈灰階呼應，締造舒眠安定的感受，並全數使用溫潤木作櫃，天花局部加入木色肌理，以木質提升暖意，創造冷暖的美好平衡。

TIPS〉牆上畫作並不一定非得跳出鮮明色彩，刻意選用與牆色相仿的簡約畫作，並巧妙偏向一側擺置，讓人印象深刻。

321 灰階藝術漆，冷色調刻畫現代感

臥室床頭牆以灰階色手作特殊漆塗抹上色，低彩度主調營造平穩沈靜的舒眠氛圍。灰階色彩從牆壁、床包、沙發床到地毯由高而低，巧妙鋪陳出層次感，旁側白牆則由雙幅黑白主題掛畫賦予牆面表情，避免空白太單調。

TIPS〉利用黑白兩色的中性色彩基礎，調和出床頭牆的灰階藝術漆，所有軟件家具保持冷色調，流露簡潔俐落的現代感。

322 暖灰色牆減少反光、增加光影之美

色彩具有微調光源與空間大小的效果，在這個格局不大的臥室中，開窗比例相對較大，為了讓白天光線不至於過於強烈，除了直接採用百葉窗作調節，同時在臨窗面選擇暖灰漆色牆面，搭配床頭黯紋壁紙來減少光線折射。

TIPS〉與床頭板齊高的牆面選擇以白色烤漆設計，對應上方的壁紙則有讓床頭有悄悄放大的反差效果。

323

圖片提供 ⓒW&Li Design 十穎設計有限公司

323 漆牆主導空間，鐵件木櫃添況味

男孩臥房牆面延續普魯士藍木作噴漆牆為主調，加入屋主兒子喜愛的粗獷老磚，鐵件與木櫃安排，於帶有現代感的平滑漆牆空間，挹注原始材質的自然質韻。

TIPS〉老磚以同色系漆料作處理，藉由軌道燈的投射，仍清楚看出老磚原始材質的粗獷感。

324 深淺的藍色系，妝點立面豐富層次

為了帶出空間的視覺連動效應，塗刷更衣室與廁所的丹寧藍牆面，以及大門、臥室的天空藍門板，與軟裝、畫作的水藍色，透過色彩互動來串聯，使空間在鮮明色塊的運用上也具有整體性。

TIPS〉以 4：6 的藍、灰比例為空間定調，丹寧藍、天空藍帶出屬於天際的彩度，在大基底中烘襯出視覺亮點，增添明亮感受。

324

圖片提供 ⓒHATCH Interior Design Co. 合砌設計有限公司

圖片提供 © 石坊空間設計研究

325 藍調搭構木色，勾勒沉穩睡眠空間

本案空間格局與採光條良好，延續公領域的
湖藍色塊運用，臥室也以藍色調穿插其中，
在灰色空間中順應光源變化，讓空間色彩多
了幾分變化，搭配木櫃與木地板，又增添一
抹木質溫度。

TIPS〉透過塗料或軟件提高湖藍色比例，搭配
木地板、木櫃，營造暖意與明亮度。

326 黑色砂漆大膽鋪陳出剛性空間

在超大幅寬的電視牆上選擇以黑色砂漆作為
主色系，搭配淺灰色清水模壁磚搭構出一大
一小的造型框，展現立體、對比的效果；電
視牆下方機櫃以木作水藍色烤漆設計形成跳
色，為濃郁色調的空間增加亮點與色彩的層
次感。

TIPS〉黑色砂漆與清水模壁磚不只讓空間色
彩有對比變化，表面質感也會提升空間的細膩
度。

圖片提供 © 一水一木設計有限公司

327

327 明媚土耳其藍，交織動人北歐風韻

多功能書房內，於牆面加入明媚的土耳其藍，使空間更具主題性與設計感，透過色彩力量撫平躁動的心緒，並以深色木地板添注穩重感，選搭淺木色傢具提升暖意，而百葉窗導引美好光線，營造朝氣滿滿的情景。

TIPS〉木質軟件不若地坪色調深沉，帶出了多樣化的木色表現，並選用具輕巧造型的傢具，讓空間輕盈感更加倍。

圖片提供 © 禾觀空間設計

328 大面積黑牆，彰顯空間個性與質感

居家空間少見的黑牆，大膽以主牆姿態呈現於臥室內，直接反映了男主人的對於生活質感的追求，以黑牆作為底色，讓空間中的原木傢具、暖黃檯燈，增添了更多個性與風格。

TIPS〉由於黑主牆的強烈存在感，在傢具與配件選擇上盡量避免使用白色，暖木色的加入更能增加生活感。

328

329 灰藍色與清水模，鋪敘成熟優雅氣質

散發成熟與知性氣質的灰藍色，從牆面鋪序展開，造就空間的低調優雅。以暗灰色基底調色而成的灰藍色，對應清水模水泥牆的灰階色相，採水面更加提升灰藍色的色彩明度，讓整體感覺更加沉穩。

TIPS〉灰藍色採光牆面，與側牆水泥質地的清水模牆，搭襯不鏽鋼鍍鈦層板、黑色鐵件等金屬線條，揉合成熟的現代感。

圖片提供 © 實適空間設計

圖片提供 ⓒ 曾建豪建築師事務所

330

圖片提供 ⓒ 石坊空間設計研究

330 湖水藍穿插空間之中，提亮空間感

於客餐廳的公領域，湖藍色塊穿插空間之中，形成視覺焦點。順應光源變化，湖水藍也增添空間色彩活潑度，天氣明朗有青綠的朝氣，入夜則呈現沉穩藍灰，維持灰階的統一調性。

TIPS〉以醒目單面湖藍色牆橫貫水泥空間之中，為灰階的氛圍帶出貼近自然又沉穩的色彩變化，並提亮空間感。

331

圖片提供 © 諾禾空間設計

331 象徵力量的深藍色,和空間機能更契合

多功能健身房以深藍色藝術漆調塗牆,相對於廳區黑白兩色定調的平穩保守,在冷色調的基礎上,穩重而飽含力量。而以鐵件玻璃拉門與廳區產生區隔,不僅隨需求開闔自如,更能從客廳視角帶來深邃的空間感。

TIPS〉深藍色象徵「力量」的意涵,呼應了多功能健身房的空間機能,牆上的黃白相間掛畫,注入活力的視覺感。

332

圖片提供 © 羽筑空間設計

333

圖片提供 © 地所設計

332 如靈魂樂般微醺的深沉藍調

家是醞釀生活的容器，而風格則是以美感詮釋生活的結果。本案屋主喜愛懷舊復古質感的物件，為了襯托出空間各項擺設本身的歷史氣息，設計師特別選擇深沉濃烈的湛藍色為牆面主色，如一首迷人的靈魂樂般令人微醺。

TIPS〉深藍色調有著沉穩的色彩性格，相當適合搭配木質感及鐵件元素，能完美呈現懷舊電影般的意境。

333 清水模塗料天花板讓家露出素顏自然感

為了讓居家更接近自然，設計師刻意在天花板上選擇以清水模塗料取代傳統漆料，水泥原色的天花板讓家擺脫過度裝修感，而顯現出素顏且略為粗獷的氛圍。而在四周牆面仍維持以白色漆牆，可讓空間有放寬的錯覺。

TIPS〉窗邊座榻區採用灰藍色水泥漆牆面，搭配貼梣木木皮的木作臥榻及織紋布軟墊，清雅的色彩反而成為焦點。

334

圖片提供 © 羽筑空間設計

334 深淺變化讓水泥牆表情更豐富

近年來安藤忠雄式的日式清水模工法逐漸退燒，取而代之的是充滿樸實手工質感的水泥本色。如本案運用水泥砂漿調漆，讓牆面保有泥料原始顆粒質感，在百葉窗篩入的光影下別有一番味道。

TIPS〉運用水泥砂漿施作時，應注意比例與塗料厚度的掌握，便能夠變化出深淺有致的質感。

335

335 淺棕線板，凝聚空間焦點

主臥本身擁有兩面採光的優勢，為了有效調節光線，床頭一側利用可移動的線板，巧妙遮掩日光。運用沉穩的大地色系，搭配方形古典線板修飾，典雅又迷人，大面積的設計成為空間中的矚目焦點。

TIPS〉為了營造舒適沉靜的氛圍，採用大地色絨布床具，與床頭背板相呼應，同時搭配深灰色窗簾，低彩度的配色，有效避免擾動空間情緒。

圖片提供 © 原晨室內設計

336

圖片提供 © 北鷗室內設計

160

336 成熟深色底蘊，日夜多變的優雅寢居

因房間擁有大面積落地窗，可接受到戶外景致，於是讓房間呈深色大地色，搭配著好採光進駐，使空間感不致受到壓縮，亦形成優雅風格且明亮依舊，而入夜後，則在深色基底之下，以兩盞床頭壁燈相襯，帶出微醺的美好光暈。

TIPS〉將床頭色延伸至上方樑體，拉伸延展整道立面，並刻意呼應床頭板色彩，讓整道立面顯得乾淨，成為質感背景。

圖片提供 © 森境 & 王俊宏室內裝修設計工程

337 碳灰牆色為臥室創造必要之沉默氣息

為了讓主人進入臥室後能迅速地沉澱思緒，在房間內的主牆色彩選擇以碳灰色，同時木地板也採用煙燻木色來呼應，奠定穩定而安靜的空間基調。另一方面，搭配米白皮革床架與淺色花紋的地毯，鋪陳出都會感的對比美學。

TIPS〉房間內多數物件均選擇在灰黑與米白的色階中遊走，再以跳色中的銅金色吊燈與磚紅色抱枕為室內增加暖意，獲獲所有目光。

338 雀屏般的綠藍背牆鋪出時尚貴氣

一如孔雀開屏般的綠藍床頭背景，襯映臥室內白色床架與書桌區等陳設，營造出清新而優雅的寧靜氛圍。不同於單純漆色所裝飾的主牆，設計師以木作在櫃門上刻劃出簡約的典雅線板，優美姿態更能為空間帶來尊貴氣息。

TIPS〉若說藍綠色是第一主角，白色床架與床上灰黑配件則是最佳配角，讓藍綠色更時尚出色。

圖片提供 © 森境 & 王俊宏室內裝修設計工程

圖片提供 © 羽筑空間設計

339 一抹活力草綠增添休閒氣息

工業風格空間往往有許多金屬鐵件、木材或水泥等設計元素，置於居家空間中不免會顯得較為硬冷。設計師建議不妨搭配一些較活潑的色調，如本案以草綠色妝點客廳與廚房之間的隔間牆，讓空間增添充滿活力的休閒氛圍。

TIPS〉除了運用草綠色的塗料之外，也可以搭配一些綠色植栽，會讓空間更富有生命力。

圖片提供 © 羽筑空間設計

圖片提供 © 實適空間設計

圖片提供 © 羽筑空間設計

340 微帶復古工業感的迷人灰綠

本案在設計之初即定調英倫工業風，空間中使用大量木材質元素來彰顯設計感，並且選用灰綠色作為空間牆面底色，藉由綠色來呼應原木色調，整體形構出人文氣息濃郁的復古工業風格居家。

TIPS〉針對復古風格的空間，設計師建議可多採用偏灰色調性的色彩，再搭配鐵件元素，讓質感更提升。

341 以灰階凸顯陰影處，加深視覺純粹感

以深於陰影色的灰，凸顯格局過渡區域的走道陰影空間，創造出猶如畫廊的空間純粹感，再以幾何狀的原木色澤，連結空間中其他場域，修飾空間過多的線條，也進一步加強整體性。

TIPS〉家中常因格局分佈會有較為陰暗的過渡區域，可以色彩來統整視覺，將空間缺點轉化為亮點。

342 充滿文藝氣息的浪漫藍紫居家

由於屋主喜好閱讀，希望回到家能夠充分放鬆身心壓力，完全沉浸在書本的世界中。因此客廳主色調選擇了適合屋主文藝氣息的浪漫藍紫色系，並採取大面落地窗引入充足陽光，享受晨光下靜心閱讀的樂趣。

TIPS〉呼應空間的藍紫色調，傢具選用簡單自然的原木質感，搭配出簡約清爽的日式居家風情。

343

圖片提供 © 单空間室內設計

343 鮮明土耳其藍背牆，刻畫空間色彩亮點

在白色、淺灰色的客廳空間中，入門直接映入眼簾的沙發背牆，特意選用土耳其藍跳色，刻畫深刻的空間色彩記憶，相對淡雅的氛圍中，透露出強烈個人特色的視覺亮點。

TIPS〉避免空間色調過於無聊，以土耳其藍沙發背牆描繪亮眼色彩語彙，形成空間主要視覺焦點。

344 玩味調色元素，創造空間和諧的多元色塊

將藍灰白色作一系列延伸，把調色過程解析出不同色彩元素置於空間量體，以色塊方式作呈現，營造空間和諧又富層次感的色調鋪排。

TIPS〉空間充斥深藍、彩度藍、灰，讓色元素重新調和，化身深灰色與黑色裝飾緣板與燈飾色調。

344

圖片提供 © 石坊空間設計研究

345 一抹粉藍，打造清亮法式浪漫

為滿足喜愛浪漫風女屋主的喜好，設計師以法式粉藍色牆架構空間基調，天花板與裝飾層板以白色作表現，搭配淺灰木地板調和冷暖，映襯明亮自然採光，空間格外清新亮麗。

TIPS〉為呼應客廳粉藍色調，特意選擇湖水藍沙發作搭配，豐富空間視覺層次感。

圖片提供 ⓒ 文儀室內裝修設計有限公司

圖片提供 ⓒ 寓子空間設計

346 幾何色板牆為質樸空間交織新穎視感

對應樸質的樂土電視牆面，餐廳牆面以幾何線條與色彩交織新穎感，搭配上色調偏黃的寬版木地板，及白色櫃體的留白呼應，打造清新的北歐風情。

TIPS〉以青草綠漆料、黑板漆和灰鐵板交織的幾何線條牆面，融合了多彩視覺感，也兼具實用機能。

347 多彩幾何色塊，彰顯童趣生活想像

在這個以量體材質分隔而成的小孩房空間，設計師選以充滿活力與元氣的綠、淺藍、湖水藍三色調，搭配幾何圖形與線條，藉以激發孩子對生活的想像力。

TIPS〉於多彩色塊立面呈現的空間裡，運用木地板為空間穩住空間的溫度與。

圖片提供 © 石坊空間設計研究

圖片提供 © 寓子空間設計

349

348 清新粉藍，勾勒淡雅美式鄉村小屋

這是一個老屋翻新的個案，為打造屋主夢想的美式鄉村風居宅，白底空間裡，以粉藍油漆繪出背景主視覺，搭配灰階美式沙發，以及白色線板，帶出極具輕鬆感又雅致的生活氛圍。

TIPS 〉為搭配粉藍背牆，交錯以以灰階沙發、點綴粉藍花卉的單椅作搭配，創造空間色彩和諧調性。

圖片提供 © 文儀室內裝修設計有限公司

349 飽和色刻畫鮮明臥室個人風情

喜歡大膽鮮豔色彩的女屋主，希望臥室能以鮮明的色調帶出普普風情調，設計師選擇以草綠色作臥室主牆，搭配少許富含色彩的抱枕裝飾，滿足女屋主對鮮明色彩的喜好。

TIPS 〉空間主要以白色的櫃體與窗簾，凸顯出草綠色主牆的視覺焦點，同時也更留住明亮採光的美好。

350

350 小花圖騰增添粉色女孩房的嬌嫩風情

以粉紅色調勾勒立面的粉嫩女孩房，搭配裸色系天花板與窗套，增添臥室一抹雅致，而小碎花窗簾又為粉色調空間帶出視覺變化的豐富性。

TIPS 〉為延續女孩房的粉嫩特質，設計師連窗簾也以同色系粉色小碎花樣式作搭配，延續空間一致調性。

圖片提供 © 摩登雅舍室內設計

圖片提供 ⓒ 文儀室內裝修設計有限公司

351 揉合灰階彩色軟件，妝點五彩法式夢想居

考量屋主是喜歡法式浪漫的日式花藝老師，設計師以法式線板搭配日式俐落的線條與圖騰框構空間。藍白色調的清亮留住極佳的自然採光，妝點灰階彩色軟件作搭配，猶如呈現花藝般的色彩豐富性，創造空間的視覺唯美與平衡。

TIPS〉鮮明的藍色為空間主色調，加入帶灰階的果綠、粉橘軟件，量體同步輕薄化，既不干擾視覺，做了最佳隔視效果。

圖片提供 ⓒ 日作空間設計

圖片提供 ⓒ 曾建豪建築師事務所

圖片提供 ⓒ 禹子空間設計

352 繽紛 Tiffany 藍為主臥帶出舒緩放鬆的舒眠氛圍

主臥風格以乾淨的白色作為底色，藉此形塑空間的極簡、乾淨基調，以亮眼的 Tiffany 藍作背牆，清新色調成功地在素白的空間製造視覺驚喜亮點。

TIPS〉織品延續背牆色系，搭配豐富花色作點綴，同時也注入織品特有溫暖質感。

353 迎光明亮黃，展現空間尺度

儘管臥室採光不錯，但空間較為侷促，設計師選以高明度的黃色作為臥室背牆，加強了空間明亮度與舒適性，也放大了空間尺度。

TIPS〉此臥室採光良好，搭配了高明度的黃色牆面，讓空間更顯明亮及寬敞。

354 海洋藍打造自在無拘臥房

配合公共空間的工業風格，臥房採用顏色較深的海洋藍鋪陳，搭配混凝土灰及少許白色，營造較為中性冷靜的調性；由於單身女屋主對臥房需求較為單純，只需要簡單的衣物收納櫃，因此沒有刻意擺放床架，讓臥房感受更為隨興自在。

TIPS〉相較仿清水混凝土系統牆與木地板模質色調，海洋藍漆牆為空間帶出明亮有朝氣的氛圍。

355

圖片提供 ⓒ 曾建豪建築師事務所

355 一深一淺色調打造平和舒眠氛圍

臥房屬於放鬆的空間，應以溫暖和諧色調為佳，因此設計師選以深棕色作為臥室背牆，弱化色彩的刺激感，創造舒眠的氛圍，但仍保留空間的留白，在引納自然光時，空間依然明亮。

TIPS〉為了避免整體色調過於沉重，設計師利用淡雅淺紫色系床單平衡深棕背牆的色調。

356 自然色調營造北歐輕鬆調性

屋主鑑於風水考量，不希望衛浴正對睡床，因此利用一道 L 型牆面區隔空間，完美銜接自然調性，湖水綠、暖灰搭配淺色木櫃，傳遞出靜謐溫馨的北歐調性。

TIPS〉湖水綠表現自然調性，搭配中性可可色的櫃體與門片，為寢區注入溫馨放鬆氣息。

357 藍灰風尚色調，打造居家科技感

從中性的灰開始鋪排，調和一點冷調藍色，呈現空間的陽剛又帶點柔情。而這些色調常使用於時尚感的服飾或如鋁、不鏽鋼等材質。運用在空間時，猶如形塑科技與時尚感。

TIPS〉灰色牆面要避免單調呆板，可以搭配淺色或白色壁飾、沙發加以調和，賦予柔和調性。

356

圖片提供 ⓒ 寓子空間設計

圖片提供 © 一水一木設計有限公司

358

圖片提供 © 澄橙設計

358 以灰咖啡色背牆串聯空間物件色調

女屋主親自挑選傢具，因為喜好的品項，風格不盡相通，為了不使沒有床頭板的黑鐵鍛造床架顯得單薄，設計師將牆面漆上灰咖啡色，並使用黑色壁燈延伸一致的風格感受。

TIPS〉灰咖啡色的主牆，搭配兩盞壁燈，暖黃光源的映照，為冷調牆面暈染幾分溫暖氣息，並與木地板相呼應。

359 無色階質樸味，重現懷舊老宅風

喜愛復古元素的屋主，希望家中能重現復古風情的況味，因此設計師除了使用水泥砂漿鋪設地坪，更於牆面白與灰塗料，以舊式腰板形式作表現，構築帶有復古情懷的空間定性。

TIPS〉深灰色地坪向上延續色階較淺的灰色壁面腰板，深淺不同的灰串聯起空間整體質樸調性。

圖片提供 ⓒ 兩冊空間設計

圖片提供 ⓒ 兩冊空間設計

361

362

360 低反光塗料打造純色空間

為了找回老公寓應有的光感與尺度，設計師大量運用灰白色調的卡多泥塗料搭構出空間純粹感。為了增添居家的暖度，配置木餐桌與木矮櫃，營造些許溫暖氛圍。

TIPS〉透過光線的照拂，低反光塗料的壁面與地坪，不僅與水泥塗料相呼應，也自然彰顯出空間立體感。

361 藍、灰語彙營造沉穩大器視覺感

想為客廳的淺色木地坪與大量留白的壁面帶來具主體性的視覺效果，設計師選擇以進口塗料作出藍、灰雙色處理，為這個空間營造沉穩大器的氛圍。

TIPS〉特殊塗料處理的電視牆，在任何光源照射下，都能藉由光影凸顯出塗料的細緻紋理變化。

362 深灰色鋪排沉靜舒眠饗宴

為了賦予空間最沉靜的睡眠氛圍，設計師以深灰色調鋪排臥室空間，整面的深灰漆牆為主角，搭配同色系的床單與窗簾，維持空間調性一致，而淺木色地坪則為空間帶來質樸溫度。

TIPS〉深灰漆牆配置兩盞壁燈，黃色色溫的光源照射壁面時，又為原本深沉的牆面帶出明亮的表情。

03 軟裝色

圖片提供 © 戴綺芬設計工作室

每種物件都有屬於自己的色彩，軟裝飾品也不例外，而不同色彩，可以營造不同氣氛，帶給人家不同感受。軟裝色彩的搭配，可以透過對比、協調、混合等方式來呈現色調的變化。其次是著重軟裝質地的差異，因為對應空間色調屬性，選擇織布、皮革、塑膠類的傢具、軟裝，都會在色澤層次上帶出不同的效果。

363 從鮮明跳色軟裝，塑造空間顯著亮點

多數人會以明亮的白色，或大地色作為空間基礎成色，而把焦點色塊擺放在傢具、軟件的表現上，像是採用強烈的對比色、冷暖對比色、不同肌理質地的軟裝物件，替空間製造鮮明亮點。

364 從空間內色彩元素，作為傢具軟裝色調

當空間整體天地壁色調構建好後，納入傢具、軟裝配置又是一門功課，避免出現空間色調的違和感，可以將空間裡出現的色彩元素拿來做選擇，提供視覺感受一致性地鋪排。

圖片提供 © 日作空間設計

圖片提供 ⓒ 文儀室內裝修設計有限公司

365 深淺色調交織，豐富空間色彩層次

想兼顧豐富空間視覺焦點，但又要掌握色彩和諧度，可以選定同一色系，或是相鄰色系的軟件
單品，在色階上跳著使用做變化，透過深淺色調的堆疊，帶出色彩層次感，同時也隱性串起色
彩連動性。

366 光源色調變化，玩味傢具傢飾視覺溫度

就軟裝色調而言，光線對其的作用，
通常會依空間使用需求，選擇以人照
光源的燈飾來搭配，藉此形塑不同空
間氛圍。當以明亮白光做照明時，能
提供軟裝色更飽和的色彩呈現；若以
低色溫的黃光映襯，則又為物件增添
一份微溫感受。

圖片提供 ⓒ 戴綺芬設計工作室

367

367 亮麗跳色展示層架，創造空間視覺焦點

將女屋主喜愛的藍色，以跳色的鐵件展示層架型式作成客廳主牆裝飾，以飽和明亮色感為空間增加元氣感，再搭配鄰近色的布質沙發與抱枕，藉此堆疊色彩層次，並以布飾質地喚出空間的溫度與舒適感。

TIPS〉以淺藍沙發與橘色抱枕，呼應深藍、銘黃交錯的展示層架色調，替客廳增添明亮彩度。

368 原木＋白雙層親子空間，北歐配色好溫馨

挑高空間一分為二，無論是樓下餐廚區、或是樓上遊戲室，皆為親子長時間相處的住家場域。設計師利用原木紋搭配白色點綴局部繽紛色彩，營造溫馨柔軟的北歐情調。樓上不規則鏤空白色圍籬，更是能隨時讓父母看的到，能放小朋友獨自在上頭玩耍的貼心設計。

TIPS〉大面積原木色、白色基礎下，點綴清淺的綠單椅、國旗冰箱、黃色吊燈，打造隨性不拘的溫暖親子空間。

369 黃銅造型吊燈，增添木質調空間細緻質感

由於整個空間以簡約、乾淨為調性，為了讓整體空間看起來更具變化與豐富性，於餐廚區加入黃銅造型吊燈，融入風格不顯突兀，同時為小環境製造亮點，增添現代時尚氣息。

TIPS〉黃銅球狀造型燈，略帶反射的亮面材質，提升空間溫潤色調的質感。

368

圖片提供 ⓒ 東空間室內設計

圖片提供 ⓒ 澄橙設計

圖片提供 © 丰空間室內設計

370

圖片提供 © 子境空間設計

370 微跳色家飾創造簡約時尚的現代風空間

空間中典雅大器的氛圍自客廳延伸而進，餐廚場域則以鮮橘座椅與墨藍、深灰展示櫃體作出視覺對比，在濃厚彩度的軟裝包覆下，原木調的餐桌與背牆透過原木天然的紋理肌理，讓此區域呈現雋永雅緻的生活品味。

TIPS〉展示櫃體上半部以深灰色烤漆處理，下半部選用特殊藍搭配，消光的櫃面則完美帶出質感，形塑餘韻無窮的細緻氛圍。

371

圖片提供 © KC design studio 均漢設計

371 多元紋理混搭，展現輕快舒適的空間個性

選用了女主人喜愛的檸檬黃作為側邊立櫃主色，成為空間的亮點，底端牆面則以深淺相間的六角磚，跳躍拼接調和黃的耀眼衝突，配合人字拼地板，以多元紋理碰撞無比輕快甜美的空間節奏。

TIPS〉色彩之外，各種材質的圖紋拼接能為立面空間帶來豐富繽紛的調性，也讓天地壁擁有更多設計表情。

372

圖片提供 © 實適空間設計

373

圖片提供 © 優尼客空間設計

374

圖片提供 © 六相設計

372 鉻黃沙發為沈靜空間帶來活力

客廳開放區域以深藍為主色調，定調沈靜穩重的空間氛圍，然而大膽置入的鉻黃沙發，強烈的視覺衝突更為空間創造另一個焦點與活力，並利用抱枕等小配件，進一步呼應空間主色，加強視覺的連結性。

TIPS〉跳色的比例拿捏最為重要，即便空間主色鮮明，透過軟裝配件製造色彩反差，便能在平衡中創造反差。

373 暖黃沙發為家帶來陽光般的溫暖

為呼應居家空間的極佳採光與通風，以暖黃沙發為中心，暖陽的置入，隨之而來的便是自然中的草綠與木色，偏黃色調的處理，定調空間一致性，創造家中獨有的自然氛圍。

TIPS〉若以大型軟件作為空間主軸，在色彩選擇上不宜過度強烈，建議以調和過的相近色系予之輔助。

374 活潑亮橘沙發凝聚視覺焦點

在以白色與木質色調為主的空間中，可以運用傢飾軟件的色彩來營造氛圍情緒。如本案選擇色彩飽和度高且活潑亮眼的亮橘色沙發，成為空間中的視覺焦點，也為整個家帶來愉悅明亮的氣息。

TIPS〉亮橘色與空間中的木質色調具有色階上的呼應效果，既能形成亮點又不會過於突兀。

375

圖片提供 ⓒ 奇逸空間設計

375 繽紛傢具就是無色背景住家最好裝飾

在無色冷調襯托下，濃郁的橘、綠、紅、紫造型沙發椅在客廳隨意錯落，置中木紋磁磚 U 型檯面成為空間主景。廚房則以銅質置物架搭配深黑石材吧檯，LED 燈光若有似無地勾勒輪廓，營造輕鬆時髦的居家氣息。

TIPS〉黑、白、灰作低調背景設色，點綴鮮艷傢具與黃銅壁架，為空間增添隨性大器質感。

376 明亮鮮黃點綴，削弱大樑壓迫感

本案客廳與餐廳之間有一道橫樑造成壓迫感，設計師巧妙選用亮眼的鮮黃色格柵加以修飾，在視覺上成功削弱樑體的重量，同時也與空間中的黑色牆面形成亮眼的對比色，增添溫暖活潑的能量。

TIPS〉展示壁櫃與餐桌椅也選擇色階相近的木材質感，讓整體空間的色調富有主題性。

376

圖片提供 ⓒ 六相設計

377 運用前後景深，將雜亂色調轉為背景花色

在空間設計中，如何處理雜亂色調也是一門學問。如本案屋主擁有眾多藏書，為了讓書籍陳列具有美感，設計師將書櫃垂直向度的木作加厚並向前延伸，結合上下錯落的效果形成視覺的前景，使書籍成為如織帶花色般的背景。

TIPS〉餐椅選用透明色系，減少顏色對空間造成的干擾，讓書牆成為一道端景般的存在。

圖片提供 © 六相設計

378

圖片提供 © 六相設計

378 紅棕色系皮革淬鍊光陰足跡

本案在空間色調上採用大面積的處理，原木色的天花板與深黑色石英磚鋪陳的地坪相互對應，構成簡單而直率的性格，巧妙搭上一組紅棕色系的皮革沙發，在簡練中凝聚了時光的氣息，讓家的質感越陳越香。

TIPS 〉紅棕色皮革展現的個性較為強烈，較宜用於中性色調的空間，才不會流於俗氣或突兀。

圖片提供 © 羽筑空間設計

379 初秋氛圍就用黃色物件表現

換季時除了更換衣物與寢具，不妨也用色彩小物換換家中的氣氛！例如本案屬於簡單素雅的日式居家，運用銘黃色的餐巾、燈飾與檸檬黃抱枕加以點綴，讓人聯想到黃澄澄的秋季意象，心情也能隨之轉換。

TIPS〉想要讓空間色彩更素雅自然，也可以利用氣質高雅的花草作為色彩點綴元素。

380 留意比例讓色彩搭配更勻稱

在空間配色的比例上，設計師建議主要色調與裝飾色調的比例可以 2：1 為基準，如本案 2/3 是中性色調，1/3 採用原木色調作為搭配，透過勻稱的比例拿捏，讓整體色調既有變化又不會顯得混亂。

TIPS〉植物掛畫與鋸齒狀黃色抱枕象徵著熱帶雨林的意象，藉由小巧思讓空間更具活力趣味。

圖片提供 © 羽筑空間設計

圖片提供 © FUGE 馥閣設計

381 灰階粉嫩打造成熟大人味的溫馨感

挑高長型的新成屋，視覺上容易產生冷冽
空曠的感覺，因此整體配色主要以木頭和
藍綠色調為主軸，軟裝飾品則以灰階和帶
灰色的粉嫩來置入，讓空間多一點色彩，
又不至於過於童趣，展現成熟的溫暖氛圍。

TIPS〉灰黑與木質基調在色彩的比例較高，
粉嫩顏色僅些微出現在餐具、花器上，透過
灰黑白更能襯托出粉嫩色彩。

382 深色傢飾穩定空間感的視覺效果

在開放式格局中，若未掌握視覺上的比例
平衡，反而容易讓空間顯得空洞。不妨利
用深色傢飾物件來穩定整體空間感，如本
案選擇一座黑色沙發置於客餐廳之間，讓
空間層次變得平衡穩定。

TIPS〉挑選深色物件也應注意其尺度與整體
空間格局的關係，以免造成視覺比重失衡。

圖片提供 © 六相設計

383

383 兒童房創意視野，用幾何色塊激發創造力

兒童房以暖色調帶出溫馨感，並鋪陳木地板營造溫潤氛圍，以窗面導引美好採光，同時搭配色彩繽紛的壁紙與配件，給予學齡前兒童創造力的啟發，彈性配置的傢具，可依孩子的成長階段做變動，注入不同的空間性格。

TIPS〉無論是壁紙、抱枕、掛飾等處，皆可見色塊以三角或菱形等幾何圖案呈現，讓顏色變得具表現力，激發創意的視覺火花。

圖片提供 © 北鷗室內設計

384 傢具單品選色活潑，帶入生動的空間焦點

溫暖的奶油色系成為空間畫布，樸質的木紋肌理形塑北歐風格的簡約印象，客廳的淡藍色沙發搭配鵝黃色小茶几，餐廳的綠色吊燈配上紅色餐椅，透過精簡的單品色彩，創造活潑的空間表情。

TIPS〉淡藍色沙發、鵝黃色小茶几營造溫暖氛圍，餐廳的紅配綠對比色強烈而立體，四件單品四種色彩，創造界定空間。

384

385 彩色鑄鐵鍋化身彩妝師，餐廳質感好繽紛

由於女屋主擁有數十個鑄鐵鍋，連帶牽動餐廳廚房的色彩風格，首先定位的白磚壁面空間成為彩色鑄鐵鍋展示檯，恰好形成伸縮實木餐桌的端景，也為餐椅創意配搭提供更多可能性，一旁搭襯白色百葉窗，營造輕美式風格的清爽質韻。

TIPS〉粉嫩色調的丹麥 Muuto 單椅，與女屋主眾多彩色鑄鐵鍋收藏，呈現相輔相成的繽紛空間焦點。

圖片提供 © 曾建豪建築師事務所

圖片提供 © 曾建豪建築師事務所

圖片提供 © 北鷗室內設計

386 繽紛馬卡龍單椅，提升討喜彩度

餐廳兼具書房功能，於牆面加入展示層架，用以放置書本與家飾品、植物等裝飾，創造牆面的豐富表情，而三張粉色、藍色與綠色的馬卡龍色單椅，提升了空間彩度，帶出討喜童趣的氛圍。

TIPS 〉展示櫃後方牆面看似白色，實則為淡淡的鄉居色，不僅可與白色天花形成層次差異，也與窗外的柔和陽光更為相襯。

387

圖片提供 © 傻尼客空間設計

387 掌握比例，創造家的清新自然感

以大面積的白色與淺木色構築出清爽北歐風格，佐上一旁深綠色的黑板牆，呼應橡果造型燈具與動物畫作，童趣的森林感瞬間浮現，為每天的用餐時光增添猶如森林野餐般的樂趣。

TIPS〉 重色牆面的置入，必須盡量統一周邊環境的色系，並選擇搭配得以相呼應的軟件，建立空間整體性。

388

圖片提供 © 賽適空間設計

389

圖片提供 © 北鷗室內設計

390

圖片提供 © 大秝設計

388 掌握空間色彩比例，創造和諧舒適的空間氛圍

客廳的牆面腰帶處理特別將色彩置於上方，加強暖灰的柔和的視覺印象，比例上則縮減下方留白處，以 2：1 色彩分佈平衡視覺感受，藍灰色沙發的高度與牆面腰帶切齊，帶出空間重點色與重心，進一步穩定視覺平衡。

TIPS〉一定比例的重色運用能創造出空間的重心與平衡，然而沙發等大型軟件挑選仍須格外重視比例與高度。

389 巧搭軟件硬裝 顯現視覺層次

床頭牆鋪陳鵝黃色壁紙，搭上溫潤木地板鋪設、木作傢具的陳列，以及床頭燈的暖意妝點，凝聚整體的溫馨氣息，並採用可彈性移動的品牌傢具，床邊旁置放了一座有趣的彩色路標裝飾，瞬間點亮視覺，營造帶有街頭感的年輕氛圍。

TIPS〉當出現三種以上色彩時，需掌握軟件所占空間的比例，並保有牆面留白，如此反倒可顯示出一股生活感，又不致過於凌亂。

390 淺色空間綴上繽紛色彩，帶出空間活力

小巧簡單的空間配置，再加入了柔和繽紛的色彩後，便能在有限的空間創造豐富的視覺感受，尤其是不規則的櫃體把手設計，在細節處為空間增添亮點與趣味。

TIPS〉在簡單的空間中點綴上些許繽紛色彩，便能有畫龍點睛的視覺效果。

圖片提供 © 摩登雅舍室內設計

391 粉紅與水藍相襯，更添浪漫氛圍

客廳牆面特別運用古典圖騰壁紙鋪貼，兩側映襯馬卡龍粉的壁面，輔以白色古典線板點綴，流露典雅的美式風格。搭配清新的水藍色沙發，與粉嫩色彩相互映襯，展現少女般的夢幻情懷。

TIPS〉地毯刻意選用納入粉紫與水藍相拼的色系，巧妙與空間形成和諧搭配，而如水彩般的質感也注入浪漫情調。

圖片提供 © FUGE 馥閣設計

393

圖片提供 © 六相設計

392 多彩傢俱結合手繪條紋天花，揮灑創意空間氛圍

熱愛繽紛色彩的屋主，對於精品傢俱有著獨到的品味，一張張夢幻逸品沙發、單椅，在淺粉紅與白的背景下更顯出色，天花板則由法國藝術家手繪而成，經典條紋配色與軟裝相呼應，並穿插咖啡色平衡多彩顏色。

TIPS〉粉紅色廚房加入霓虹燈光，到了夜晚營造出如酒吧般的迷幻光影效果。

393 運用漸層色變化，豐富空間表情憶

由於空間中需要大量收納櫃體，設計師運用木作與線板打造方格收納櫃，並賦予漸層水藍色調，在燈光渲染下展現變化多端的豐富美感，也讓整面櫃體成為驚艷焦點。

TIPS〉餐椅與展示層架也選擇了活潑的紅色與黃色，讓空間的表情顯得活潑而俏皮。

圖片提供 © 方構制作空間設計

394 對比色材質搭配，設計不落俗套

藍紫與橘黃，在色相環中屬於對比位置，應用在室內設計中最能創造出鮮明、撞色的個性風格。設計師不以塗料色混搭，而以沖孔板的烤漆藍與橘黃的焦糖色皮椅、木色桌板激盪出豐富而耐人尋味的色彩對比，寧靜舒適的餐廳一角也能擁有閒適自然的美感。

TIPS〉帶有淡色層次木紋的橡木地板，恰巧緩和了對比色的視覺衝突，讓空間立面因色彩的調和而更耐看。

圖片提供 ©HATCH Interior Design Co. 合砌設計有限公司

395 清新明亮藍白舒適宅

以屋主喜愛且率先選購的藍色沙發為色彩主軸，延伸到電視牆點綴一致的色塊，裸露管線也運用藍色作為線條勾勒，讓軟裝與硬體框架彼此相互連貫呼應，視覺上極為協調，而背牆與天花挑選淺灰取代白色，襯托出更有質感的空間韻味。

TIPS〉地面鋪飾寬版淺色木地板，斜鋪方式創造延伸放大的視覺效果，淺色調與藍白展現清爽氛圍。

圖片提供 © 方構制作空間設計

396 空間的精彩設計魔法，從色彩開始

想要兼顧多彩繽紛與清爽無印，設計師巧妙運用跳色邏輯，在大面積低彩度量體下，穿插點綴高飽和色彩配件，如土耳其綠抱枕、檸檬黃吊燈等，淺色調空間清爽而彩色軟件繽紛，一搭一唱下譜出最和諧的居住樂章。

TIPS〉運用跳色手法，將屋主喜愛的淺藍與黃色融入設計之中，透過傢具軟裝的搭配，空間也顯得活潑起來。

圖片提供 © 樂創空間設計

圖片提供 © 甘納空間設計

397 粉嫩多彩童趣配色，創意裡裝可愛

完全考量親子宅設計，除了給予粉嫩的牆面色彩外，並選用多彩傢具配置，形塑繽紛童趣的視野，米黃色沙發、淡粉紅色單椅配色活潑，FAVOURITE THINGS Pendant lamp 黃色吊燈也讓人眼睛一亮。

TIPS〉為孩子佈置的家，滿滿的童趣，小茶几收納彩色氣球，卡通動物抱枕，溫馨可愛無所不在。

398 漸層藍揉合黑灰基調

屋主於設計初始即表明對黑、紅色彩的喜愛，公共廳區在黑色之外，以天花板的淺藍色吊燈增添視覺亮點，並加重色階串聯中島櫃體，在深色空間框架下，傢具軟件脫離不了灰、黑與藍，小物件如抱枕以提高彩度與圖騰的設計，注入輕快節奏。

TIPS〉窗簾布料同樣依循藍色主調，彩度稍微拉高一些，揉合黑色餐桌、灰藕色沙發的低調氛圍。

399

圖片提供 © 甘納空間設計

399 鮮明色彩創造獨特生活品味

由屋主的幸運色——綠色為空間色彩的延伸擴散，客廳沙發選用翡翠綠色調，配上後方水泥粉光牆面，藉此更為襯托出視覺重點，小比例的傢具軟件則搭上檸檬黃以及玫瑰金桌几，以鮮明亮眼的顏色對比，賦予空間獨特個性品味。

TIPS〉天花板運用灰階薄荷色的鐵件，作為遮擋空調，同時成為屋主隨興懸掛乾燥花，妝點居家綠意的巧思。

400 明亮芥末黃沙發讓簡單空間好出色

以簡單是美、實用為上做設計原則，在牆面上採用低限裝飾的水泥粉光敷飾表面，搭配軌道燈、工業風書架及木質地板，營造出理性溫柔的輕工業風格，並將色彩焦點放在芥末黃的沙發與燈飾配件上，讓空間更顯人文氣息。

TIPS〉窗邊土耳其藍圓墊及藍白相間的抱枕，恰與沙發為相鄰對比色，可讓視覺更顯活潑、有朝氣。

400

圖片提供 © 一水一木設計有限公司

401 純淨白灰襯托亮眼色彩層次

此案屋主鍾愛收集經典椅款、擁有許多公仔，也早已選定芥末綠沙發，為了襯托傢具與蒐藏品，整體空間以純淨白色為基底，並特別融入淺灰色系，降低過於強烈的對比並凸顯質感，餐椅則以黑色系、不同款式作搭配，賦予視覺穩定，又能創造變化性。

TIPS〉由於傢具軟裝、收藏公仔顏色相當豐富，因此每個區域僅適當再給予一些色彩，例如中島吧檯的祖母綠，避免太多顏色造成失焦。

401

圖片提供 ⓒ 日納空間設計

402

圖片提供 ⓒ 方構制作空間設計

402 既低調也繽紛，屬於家宅的色彩圓舞曲

仔細瞧瞧空間中擁有的色彩：藍櫃牆、酒紅百葉、鵝絨黃沙發、木石板天花，以及焦糖橘、灰、白、木色軟裝，各種色彩碰撞卻毫不凌亂，反而自有一番搭配邏輯，用繽紛表情述寫屬於家的活潑調性。

TIPS〉同一空間中雖然色彩偏多，但只要抓對使用的飽和度比例，就能從中打造繽紛而協調的多彩立面。

403

圖片提供 © 一水一木設計有限公司

404

圖片提供 ©HATCH Interior Design Co. 合砌設計有限公司

圖片提供 @KC design Studio 均漢設計

圖片提供 @KC design Studio 均漢設計

404 鮮黃、紅色平衡質樸空間注入暖意

25 坪的中古屋改造，經過微調格局、開放式的留白設計，空間材料回歸較為純粹的框架，水泥粉光、白牆、灰色塗料，在中性無色彩構成的調性之下，玄關幾何櫃體置入鮮黃色調，餐椅則是紅色坐墊，作為提升空間的視覺亮點。

TIPS〉除了運用傢俱、櫃體色平衡室內溫度，包括走道懸掛的畫作也隱含紅與黃色調，豐富與串連空間色彩。

403 暖色皮沙發，調和灰階空間冷漠感

在無色彩的空間中，傢具、傢飾成為居家的主角，此空間選擇了暖色調的茶褐色皮革沙發作為視覺的主體，恰好可調和無色彩空間的冷漠氛圍，並與餐桌上金屬紅銅色的吊燈遙相呼應，而抹茶綠的餐桌椅則可讓用餐空間更添可人甜美氣息。

TIPS〉在傢具配件中適度添加幾件白色單品，如白色單椅、白色餐桌……，讓空間有留白的呼吸感，也是很棒的選擇。

405+406 低飽和色度帶出簡約生活態度

從事美術平面設計的屋主，偏好帶有個性色彩的 Loft 風居宅，設計師以水泥粉光背牆與磐多磨地坪帶出淺灰主調，裸露的藍色管線與彩度較低的訂製沙發，大面積素淨而局部跳色的作法，為客廳帶來溫暖和諧且不失個性的調性。

TIPS〉多彩度的軟裝修飾大面積水泥的粗獷感，黃光照明則恰到好處的賦予空間和煦的溫度。

407

圖片提供 © 摩登雅舍室內設計

407 高貴金點綴，打造奢雅質感

由於屋主偏好俐落的鄉村風格，餐廚區改為開放設計，採用全白櫃面降低量體的沉重感，餐廳則搭配米色餐椅，餐椅框架以霧銀色打造，低調而時尚。天花則以金色造型吊燈點綴，在淨白空間中顯得亮眼矚目，添入奢華氣息。

TIPS〉因應全白空間的設計，地面則以米白色復古地磚鋪陳，搭配古典圖騰，讓空間有豐富層次之餘，也具備輕奢質感。

408 保護色原理消弭物件的存在感

如果希望空間感盡可能乾淨、純粹，在選擇傢飾物件搭配時，可採用自然界中的「保護色」原理，運用同色系來削弱物件在空間中的存在感。如本案選擇與地板、窗簾相近的白色沙發，讓整體視覺感相當平衡一致。

TIPS〉白色為主的居家空間可適度點綴深色與暖金色系，增添溫暖的氣息。

408

圖片提供 © 六相設計

409 深淺灰階達到自然療癒之感

母親與兩個女兒的居所，配合著窗外遠方綠意，採取簡約柔和的空間設色，灰調烤漆背景，深灰色沙發搭配木質單椅，自然淡雅的色系讓人更能感受到療癒放鬆的效果，搭配些許的植栽妝點，感覺更為清新。

TIPS〉灰與木質基調串聯的公共廳區，開放展示櫃加入玫瑰金細節，展現精緻優雅質感。

409

圖片提供 © FUGE 馥閣設計

410

410 宛若春日清晨的純白居家

純白色的居家空間其實是最困難的色彩哲學，設計師建議適度妝點更能彰顯白色的純淨質感。可挑選嫩綠、淺黃色等帶有清新感的純色元素，呼應白色純真無瑕的新生氣息，創造彷若春天清晨微光下的美好意象。

TIPS〉一般居家空間若全部只使用白色元素，容易給人醫院的冰冷印象，建議搭配溫和清新的色彩妝點溫馨感。

圖片提供 © 羽筑空間設計

411

411 寶藍中一點紅，高彩度讓空間更繽紛

在布滿米白色的靜謐空間中，以寶藍色沙發突顯重點，搭配鮮紅色茶几，高彩度的配色讓視覺更為繽紛。同時搭配藍、黃色系的抱枕，齊聚三原色的配置為空間注入活潑的生命力。

TIPS〉為了不讓空間有太多複雜用色，地毯選用灰系做底色，沉澱空間情緒；再局部點綴多種色系，呼應高彩度配色。

圖片提供 © 原晨室內設計

412 灰、藍同材質沙發，柔和對比也很舒服

開放式客廳以沙發的灰與藍定調空間色，表達出專屬於男性的陽剛、理性魅力。與光線充足的天窗多功能區相鄰，設計師利用鐵件勾勒拉門造型，充分透光之餘，亦呼應落地櫃體幾何線條，營造俐落氛圍。

TIPS〉靠背主人椅選用藍色跳脫灰沙發框架，憑藉材質的平衡，削弱色彩對比的銳利，予人眼前一亮的舒適感。

413 糖果色混搭圓潤線條，形塑溫馨場景

客廳去掉制式沙發，用粉色懶人沙發床替代，形成討喜的色彩焦點，帶出專屬於年輕人的清爽氛圍，搭配淺色圓形茶几與隨意置放的抱枕，讓場域隨時可因應使用情境作調整，建構出舒適且不拘泥一格的放鬆味道。

TIPS〉圓潤的傢具造型，搭配討喜的糖果色調，無疑是絕佳搭配，柔化清冷的白色牆面與方正樑體線條，讓畫面更和諧。

412

圖片提供 © 璞沃空間 /PURO SPACE

圖片提供 © 北鷗室內設計

圖片提供 © 曾建豪建築師事務所

414 粉彩色丹麥傢具，盡情詮釋風情

在全室白牆與優的鋼石淺灰地坪的中性色調基調上，客廳空間的風格表現都留給軟裝發揮，輕盈亮眼的丹麥傢具點綴色彩活力，而在靠窗之處打造臥榻設計的慵懶閱讀區，木階梯書架擺上小盆栽，迎來日光明媚的清麗氣質。

TIPS〉藍、白色 Normann Copenhagen 小茶几與深紫色沙發、粉紅小抱枕，繽紛的跳色，詮釋出斯堪地那維亞簡約風情。

415 鮮黃搭配灰藍 清爽帶有活力感

客廳採用許多丹麥品牌傢具，混搭出溫馨簡約的北歐風質感，像是客廳的白色木腳扶手椅與輕鬆帶著走的小提手桌几、Mutto 黃色置物籃等等，並刻意將傢具隨興擺放陳列，表達出不受拘束、舒適自在的生活態度。

TIPS〉以灰、白、藍色做出諧和的冷色背景，並適度妝點鮮亮的黃，將空間提點得更具活力，但仍保有協調感而不致凌亂。

416 亮藍色激發出灰彩空間的精采

先以灰彩壁紙作為空間背景，再選搭黑、灰色的主要傢具營造出慵懶空間氛圍，而讓視覺的焦點落在眾多的抱枕色彩，以及地面的波隆地毯上，讓視覺有種倒吃甘蔗的驚喜感。其中土耳其藍的花器則是最吸睛的焦點。

TIPS〉雖是灰色空間，但因為牆面、沙發上、桌上的藍色物件點綴，讓畫面有種無處不飛花的亮麗色感。

417 軟裝配件為純粹空間標註個性時尚

由於屋主偏愛潔白乾淨，於是大量 ICI 白與自然光成了空間主調，設計師巧妙以海洋藍沙發、單椅軟裝配件定義出家的個性，高明度與低彩度的混搭看似冒險，卻也碰撞出令人驚豔的空間張力。

TIPS〉帶弧度的天花與嵌燈將頂上的沉重感歸零，能充份將視覺引導到每個空間量體。

圖片提供 © KC design studio 均漢設計

418

418 內斂灰色調蘊藏細緻而美好的生活紋理

摒棄花花綠綠的多餘設計，這兒的男主人欣賞灰色階的沉穩大器，又擔心空間過於肅穆單調，設計師則以明度低但飽和度高的彩色軟裝，作局部跳色點綴，為黑白灰帶來細緻的變化表情。

TIPS〉 飽和度高的色彩能形塑多彩多姿的調性，但有時並不適合較沉穩的空間鋪陳，因而減低明度讓細緻感一氣呵成。

圖片提供 © 子境空間設計

419

圖片提供 © 璞沃空間/PURO SPACE

419 動與靜、紅與灰，對比手法讓空間聚焦

客廳延續黑、灰、白現代沉穩基調，將代表中式風情的紅色點綴於端景櫃內側，達到畫龍點睛效果。而廚房過道的寬3米、長2米4潑墨漆畫推拉門，帶暖色的律動筆觸，在理智靜謐空間中顯得格外吸睛。

TIPS〉潑墨漆畫是為住家量身訂作的作品，取其隨性靈動與漸層色彩，揉合黑、白、灰與一抹紅，用線條與色彩達到「是對比也是融合」的最高境界。

420

圖片提供 © 甘納空間設計

421

圖片提供 © 新澄設計

420 灰黑、綠軟裝作出視覺層次力

嘗試以新穎的冷調材質，在米黃色調為主的空間框架下，運用鍍鈦、大理石牆勾勒精緻質感，軟裝色系以灰黑色調主軸，拉出與硬體設計的層次，選搭了黑白圖騰沙發，再透過灰色地毯與傢具、地板做出視覺區隔，同時也做為空間感的凝聚。

TIPS〉沙發一旁的落地窗面，選用介於米黃、灰黑之間能予以跳脫的綠色系窗簾布，搭配帶有綠意圖騰的窗紗，讓顏色創造空間的景深層次。

421 留白極簡背景，讓生活軌跡成為空間最好裝飾

透過哥本哈根的家居設計概念，簡約、純白背景搭配少許牆面 artdeco，軟件選擇淺灰色皮沙發、深灰地毯與黑色單椅，為即將入住的人、事、物釋放出最多的空間自由，保留極大的使用彈性，因為生活，就是最美的裝飾。

TIPS〉以超白漆勾勒客廳輪廓，灰、白作主要色調，僅透過單椅、抱枕等軟件點綴，保留未來生活彈性。

422

圖片提供 © 新澄設計

422 黑、灰、白詮釋無印風溫馨居所

客廳與書房以清玻璃隔間區隔，達到視覺穿透的場域分享效果。簡約線條搭配黑、灰、白無色彩主調，僅運用沙發、抱枕、地毯、窗簾等深淺灰色軟件作機能裝飾，透過織物柔軟溫暖特性，令無印空間有了家的溫度。

TIPS〉客廳透過一半的白漆與一半的灰色軟件組成，無色彩住家雖然線條簡約卻因使用大量織物而具備柔軟溫暖特性。

423

圖片提供 ⓒ KC design studio 均漢設計

423 軟裝重點色，形塑空間的時尚個性

跳脫以橘、黃等暖色調烘托餐廚空間的溫馨氣氛，本案設計以黑、白、桃紅的明亮用色大膽挑戰傳統，六角花磚地坪延伸至中島櫥櫃背牆，搭配白色立櫃展現簡約俐落，白與桃紅餐椅及木桌則扮演了靈魂要角，為空間帶來鮮明自我的時尚態度。

TIPS〉使用對比色系的搭配形塑空間個性，再以明亮度緩和高彩度的強烈感受，精緻灰階幾何花磚呼應水泥地坪劃出場域的獨特性。

424

圖片提供 ⓒ 書適空間設計

425

圖片提供 © 奇逸空間設計

424 優雅酒紅提升空間的個性魅力

在以灰色調為主色的廚房空間中，利用層板等細節處添入色彩，帶灰度的暗色粉紅，如同稀釋後的紅酒，為中性的空間帶入不容忽視的優雅，也彰顯出女主人的場域屬性。

TIPS〉中性調的空間中，適時地在細節處加入色彩，便能為空間添加個性與亮點。

425 普普風磁磚爬上餐桌，混搭橘紅傢具更吸睛

磁磚變身餐桌桌面、再延伸牆壁，轉折出90度L型立體裝置藝術，藍、白、黑幾何圖騰不規則組搭出普普風藝術感，擺上亮眼橘色餐椅、小凳，成功轉移狹長住家所帶來的空間壓迫。

TIPS〉公共場域從木皮、大理石轉移至普普風磁磚、玻璃、橘色餐椅，局部搶眼裝飾成功完成空間過渡。

426

圖片提供 © KC design studio 均漢設計

426 設計方磚為廚房刷出新定義

21坪的空間中，每個區塊用色既要獨立卻也不能突兀，設計師以廚房的方型花磚背牆為出發，延伸色彩元素的脈絡，與宛如千層派的三角造型桌、吊燈、櫥櫃及地板相互混搭，絕對有型卻也絕對和諧，打造出獨一無二的輕快舒活家居風。

TIPS〉幾何方型花磚是來自英國設計師Barber & Osgerby 的設計，沉穩時尚的表現為廚房做了最時尚的定義。

427

圖片提供 © 緯傑設計

427 白色放大空間感，植入薰衣草的綠意想像

將櫃體整排收整於牆，透過留白美基底搭襯淺色質感傢具，讓改造後的主臥坐擁更大的空間感，床頭背牆處則飾以柔軟布面，以寧和的抹茶綠修飾，在淺色木地板的溫潤承載之下，讓私領域顯得溫煦舒適。

TIPS〉薰衣草般的淡紫，成為繼淡綠色之後的另一道彩度，運用於單椅及床單上，讓空間在清爽之餘，也添了幾分柔雅氣質。

428 湛藍色地毯盤據核心地位，溫暖不張揚

擁有足夠寬敞的空間，客廳想要素雅不奢華的生活質感，以天然石材鋪陳於大面積的電視牆，可在旁適時地加上鐵件櫃體和屏風單品，寬敞的珍珠白色系沙發、搭上畫龍點睛的湛藍色調地毯，增添空間中溫柔的浪漫語彙。

TIPS〉宛如潑墨效果的湛藍色地毯，相對應周邊的傢具銀灰色冷色調，藍色溫暖不張揚，但又十足搶眼。

428

圖片提供 © 諾禾空間設計

429 草綠地毯佈置野餐，激盪童趣的想像

小孩房遊戲室由陳列活動式傢具替代硬裝，保有空間未來的使用彈性。小木屋造型床形塑美式鄉村風格，在淺色木質妝點的大地色裡，放上一張草綠色地毯，帶有幾分人工草皮真實感，擺上木頭小桌椅，隨時展開野餐的好心情。

TIPS〉童趣的設計來自戶外野餐的想像，草皮綠地毯和紅色遊戲車，紅配綠對比色讓主題活靈活現。

圖片提供 © 諾禾空間設計

圖片提供 © 奇逸空間設計

430

430 紅、綠互補，從體積到色彩的絕佳平衡

客、餐廳分處住家兩端，透過摺疊成 N 字型的「綠盒子」隔間相互串聯，面對空間中如此具份量的機能量體，客廳選擇大型立燈加以平衡，而紅、綠為互補色，令整體視覺更加協調。

TIPS〉不搶戲的絨面葡萄牙傢具擁有柔和藍、駝色彩，在綠色與紅色巨型量體襯托下，作出優雅古典的迷人註腳。

431

431 紅色餐椅製造空間溫暖亮點

運用灰黑色系為空間基調，藉此來創造加強景深、放大空間的效果，灰色全身鏡映照出橫向的餐廚空間，白色餐椅延續賽麗石餐桌檯面的色系，紅色更從深灰色、白色中跳脫出來成為餐廚區的亮點，為餐廚帶來更多溫暖氛圍。

TIPS〉玄關入口延伸至廚房區域，鋪設灰黑六角磚與室內產生區隔、賦予落塵區功能，而六角磚所拉出的橫向軸線，亦有放大空間感的作用。

圖片提供 © 禾光室內裝修設計

432

432 鮮艷軟件跳色拉出層次與溫暖

空間主軸色調以灰色系為主，沙發選搭淺灰為大面積主體，黃色、橘色則扮演跳色功能，作為彈性多功能門的拉門採取深灰色沃克板，拉門上擷取與抱枕相呼應的橘色烙印屋主英文名，而多功能房中也以黃色沃克板做為材質，與沙發相互呼應。

TIPS〉選定鮮艷的黃色作為跳色，橘色抱枕便以低彩度、明度為主，避免視覺過於雜亂，但又能讓空間增添一些溫暖感受。

圖片提供 © 禾光室內裝修設計

433

433 雙色櫃體透過視覺延伸、打破界線，讓設計更有趣

客、餐廳鋪陳灰、白色調作背景，令整合收納、電子蒸氣壁爐等功能的方型收納櫃成為最顯眼的量體。單一材質的木作櫃體作深灰、木皮雙色分割，除了正常立體轉折外，更巧妙地以同色木皮製作餐桌，形成跨位面的視覺延伸，成為設計亮點。

TIPS〉用廳區周圍的灰、白背景凸顯方型收納量體，深灰與木皮 1:2 的切割比例，點綴兩盞鵝黃吊燈，使其成為住家最吸睛的機能裝飾。

圖片提供 © 新澄設計

434

圖片提供 ⓒHATCH Interior Design Co. 合砌設計有限公司

435

圖片提供 ⓒ 日作空間設計

434 將顏色玩在軟裝上，活絡空間氣氛

想打造出充滿大自然元素的居家，設計師利用鮮明色調的軟件、傢具豐富空間表情，像是沙發、抱枕、畫作、收納矮櫃等物件，帶有自然裡隨處可見的藍色、黃色、綠色、紅色來活化空間彩度。

TIPS〉為符合自然世界的元素，在軟件傢具的選擇，以布料、木頭材質的物件為主，增添空間溫度感。

435 布料織紋、低彩度跳色，為黑白空間注入暖度

不喜歡木皮色、但又希望呈現溫暖，因此鎖定運用黑白灰實現屋主鍾愛的無色彩，藉由大面積的布料紋理織紋表現，賦予溫度與質感，而低彩度的芥茉黃、土耳其藍抱枕使扮演適當的跳色效果。

TIPS〉書櫃木皮特意染黑，但仍保留一點點紋理，襯以亮面不鏽鋼背景，既可對應屋主喜愛的明快氛圍，又能淡化不鏽鋼材質的冷冽。

436

436 色彩營造豐富層次，彰顯對比趣味

公領域加入大面積灰牆串聯場域，延伸開闊感，中央搭配鮮明的藍色沙發椅聚焦視覺，而沙發上再安置與藍色對比的黃色抱枕，以軟件、牆色締造充滿層次的色彩反差，形塑自然人文的內斂視野。

TIPS〉質樸灰牆上張貼了紅色的中式春聯，其跳出色彩及古樸意蘊，與整體的現代風氛圍顯得衝突，充滿著視覺趣味。

圖片提供 ⓒ 緯傑設計

437

圖片提供 ⓒ 新澄設計

438

437 湛藍拉扣沙發成美式經典風格廳區焦點

開放式客餐廳交誼區以湛藍色沙發為隱形交界，白色線板搭配實木人字拼地坪，用美式經典風格醞釀出沉穩大器的迎賓氣勢。兩廳上方懸掛的口吹玻璃分子吊燈、管狀水晶燈具，除了區隔場域的功能外，也為空間注入些許現代語彙。

TIPS〉沉穩的美式經典風格利用一字型湛藍色沙發跳色，搭配實木人字拼地坪，以細節的質感烘托大器氛圍。

圖片提供 ⓒ 日作空間設計

438 簡約寧靜的灰色之家

個性成熟穩重的年輕屋主，鍾愛簡約自然生活感，客廳軟裝便以灰色調為主軸，結合單椅、沙發形式變化，勾勒出沉靜人文調性，並透過對座的規劃安排，凝聚家人情感，而退至角落與陽台的綠色植栽，則適當地增添空間溫度。

TIPS〉客廳牆面選用 SPIVER 義大利塗料刷飾，除了顏色與軟裝一致，更藉由帶有顆粒感的手作紋理效果，提升細節質感。

439

439 灰、藍色交織出挑高客廳的都會紳士風格調

3 米 8 的挑高客廳透過兩側黑色頂天置物櫃強調樓高氣勢，運用灰色清水模塗料鋪陳背景主牆，透過木紋的暖配上泥作的冷，賦予空間理智、現代卻不冰冷的視覺感受，輔以灰藍色沙發、窗簾等軟件點出空間的陽剛屬性。

TIPS〉黑、灰、藍組構出成熟都會氛圍，透過大窗天光凸顯背牆清水模泥作的立體木紋，平衡空間冷、暖調性。

圖片提供 ⓒ 澄橙設計

444

445

圖片提供 © 石坊空間設計研究

圖片提供 ©HATCH Interior Design Co. 合砌設計有限公司

444 大尺度黑白吊燈，提供空間色調穩定元素

玄關上方儘管有天窗引入大量自然採光，但設計師仍配置 3 盞大型黑白編織吊燈坐鎮，藉此為挑高的空間帶來視覺焦點與安定感，低色溫的黃光照明，也賦予冷調水泥空間暖意。

TIPS〉選用黑白色系與編織材質的吊燈，以符合空間一致訴求的樸實元素與中性色調。

445 綠草皮點綴視覺，引入自然氣息

設計師在電視牆的一側鋪排一道人造草皮，以一種趣味的手法納綠意入室，藉此豐富白色電視牆的視覺焦點，尤其綠色草皮隱性地在牆形成線性切割，縮減電視牆的區間，利於電視呈現置中的視覺效果。

TIPS〉人工草皮拉作立面色帶，在灰白空間注入一抹生氣，草皮的立體質地，與木素材明顯肌理相呼應，突顯存在感。

446 富有層次的藍，帶來和諧視覺

由於先決定牆色的情況下，沙發特地採用灰藍色配置，塑造上深下淺的沉穩視覺，穩定空間中心；而天藍色與灰藍色同一色階的安排，不僅讓空間的色彩數量壓縮到三種以下，視覺也更為和諧不突兀。

TIPS〉沙發背牆的櫃體利用原木色作為深淺藍色的中介，巧妙串聯形成過渡，溫暖的大地色澤透露質樸韻味。

圖片提供 © 原晨室內設計

447 綠意打破藩籬，與天光嬉戲成趣

老宅獨有的 L 型天井轉化為屋主專屬陽台，風乾苔蘚伴隨天光大膽地從屋外延伸室內，鮮活搶眼的綠色就像舊時的爬牆虎佔據半面客廳牆壁，讓視覺穿透不再只是型式上的用語，而有了更戲劇化的實際展現。木作天花用黑色細緻收邊，準確圈圍出置中區塊，在灰、白色調中，增加視覺立體感。

TIPS〉風乾苔蘚用鮮綠色、粗糙質地，打破室內的灰、黑與平面簡潔感，呼應木色地坪。

圖片提供 © 璞沃空間 /PURO SPACE

448

448 鮮明黃色讓辦公氣圍跳出框框變活潑

在開放辦公桌區與隔間辦公室中間規劃有休憩沙發區，透過無方向性的沙發群擺設中，搭配有銘黃與淺灰的跳色設計，讓原本較為嚴謹的辦公氣圍瞬間軟化，同事們可在此輕鬆地開會聊天或休憩喝咖啡。

TIPS 在開放格局的商辦空間中，除了運用隔屏、走道作為分區的指標外，色彩也是相當不錯的設計元素。

圖片提供 © 大雄設計

449

圖片提供 © 曾建豪建築師事務所

450

圖片提供 ⓒ 一水一木設計有限公司

451

圖片提供 ⓒ 子境空間設計

449 藍黑色沙發與百葉窗，營造慵懶氛圍

呼應全室的藍、灰、黑色基調，選配藍灰色沙發，搭配木頭色抱枕，與沙發背牆展示櫃形成色彩呼應的效果；陽台門窗則是裝設黑灰色百葉窗，由於具備絕佳採光的優勢，透光率調整彈性更大，讓明暗對比更立體。

TIPS〉藍灰色沙發、藍黑色櫃體利用木頭色少量點綴，反而令溫暖的感覺有被放大的效果，更符合慵懶的氛圍營造技巧。

450 銘黃色沙發鎮壓全場、展現沉穩霸氣

在充滿沉穩霸氣的起居區內，銘黃色的皮革沙發不僅能鎮壓全場，同時具有緩和陰暗色調與增添溫馨氣氛的效果，讓周邊較為黯沉的空間色彩成為最佳配角，而電視牆下的水藍色檯面的跳色，讓畫面視覺更具有豐富感。

TIPS〉色彩與光線息息相關，設計師在沙發旁配置立燈，除了給予光線補足，同時也彰顯了空間主色。

451 靜謐深灰藍譜出舒適愉快生活樂章

開放式的空間之中，餐廳區域位於視線底端，設計師在牆面端景上下足功夫，特別混色調和出的獨特深灰藍作為主體，再以層架明亮黃橘造型作為局部的跳色妝點，與溫淳質樸的木桌相互搭配出無比和諧的用餐韻致。

TIPS〉為界定出空間場域，天花採斜面造型圍塑出用餐空間，搭配微復古原木餐桌椅，自然演繹出溫馨自在氛圍。

452

圖片提供 © 地所設計

452 冷灰色 VS 暖駝色，對比搭配更顯豐富感

由深色木皮與淺色石材構建而成對比色空間中，設計師特別挑選了冷灰色皮革主沙發與駝色皮革長椅作搭配，一冷一暖的色彩增添視覺的豐富度，而白紗搭配卡其色的大片落地窗簾則呈現和煦輕盈感，柔化了整體畫面。

TIPS 〉燈飾也是軟裝配色的重點，設計師在吧檯與餐區選搭了一白一褐的吊燈，映襯出不同區域的空間色彩。

453 亮眼赭紅寢具配色，賦予沉靜臥室鮮明亮點

臥室空間延續公領域的普魯士藍主色調，並以不同材質壁面勾勒色階層次，再利用搶眼的赭紅色寢具配色，為沉靜普魯士藍與光感白的臥室空間，增添一抹鮮明的色彩亮點。

TIPS 〉細緻柔滑的織布寢具，與平滑木作烤漆和絨繃布壁面材質，在柔和光色輕撫下，溫潤了藍與紅的濃烈。

453

圖片提供 ©W&Li Design 十穎設計有限公司

454 復古感皮革沙發點出懷舊主題想

皮革材質因處理手法不同，具有各式各樣的色澤，為空間所帶來的裝飾效果也大不相同。如本案以懷舊復古風為主，設計師刻意選擇具有洗舊刷白質感的皮革沙發，讓皮革的色調在空間中不會顯得太重，又能呼應時光洗鍊的氛圍。

TIPS 〉若空間本身已經有較多的色彩元素，在抱枕的搭配上則建議以素色為主，如本案選用灰色抱枕，避免讓整體色彩過於駁雜。

圖片提供 © 羽筑空間設計

455

圖片提供 ©W&Li Design 十穎設計有限公司

455 窗簾雙色搭配，呼應空間色彩配置

臥室以鄰近色搭配法挑選雙色窗簾來呼應
空間配色，深灰色不透光絨布，搭配粉紅
色透光紗，採用與牆面相同的 2：1 配色比
例，色紗分界與牆面金邊切齊，顏色也與
淺色電視木櫃相近，統一空間色調的鋪排。

TIPS〉窗簾是帶有光滑質感的絨布，與粗糙
老磚漆牆形成強烈對比，卻也為粗獷的空間
揉入細緻品味。

圖片提供 © 甘納空間設計

456 巧用傢具與蒐藏活化色彩層次

男主人擁有為數不少的多年蒐藏公仔與紀念品想完美與空間結合,以大地色為基調,透過溫潤色彩,來襯托出彩色公仔,並以鮮明黃色單椅強化童趣。

TIPS 〉精挑細選的格子圖騰沙發,在素雅的基底下,多色階紋理的樣式也提升居家色彩層次。

圖片提供 © 實適空間設計

457 墨綠皮沙發與灰牆烘托沉穩氛圍

透過木皮與牆色的運用,創造出溫暖與沉穩互補的協調與層次變化,於客廳沙發特別配置軍綠皮革款式,試圖以一種零距離、帶有溫度的沉穩,創造貼近生活的美感。

TIPS 〉沙發選以皮革材質,對照灰色漆牆,兩種不同質地相互烘托,添增居家靜謐寫意。

圖片提供 © 子境空間設計

458 大地色醞釀沉靜舒眠氛圍

主臥降低彩度,擇以溫潤沉靜的大地色系織品作為空間主調,對照天地壁的留白,醞釀柔和睡寢氛圍。

TIPS 〉選以同色調深淺堆疊的織品佈置,於灑落光源映照下,空間色調溫潤且富層次。

圖片提供 © 文儀室內裝修設計有限公司

473 對比黃藍跳色，玩味空間色彩

個性活潑的屋主希望為家中質樸的空間加入玩味性質，以黃色調作出發，
搭配綠色與藍色既平衡了空間調性，也創造空間豐富視覺感。

TIPS〉為平衡空間色彩氛圍，於黃色、木色為暖色調空間，適時加入藍、綠冷
色調，略帶跳色的風味。

圖片提供 © 寓子空間設計

474 極簡黑描繪空間內斂沉著調性

屋主偏好低彩度的黑白時尚風格，因此設
計師以白圍塑空間基調，在視覺所及的櫃
體及燈飾上帶入黑色元素，讓空間顯得俐
落灑脫又具質感。

TIPS〉霧面質地的黑色櫃體與燈飾，對應灰
色樂土地坪的微透光感，為空間交織不同視
覺層次效果。

圖片提供 © 兩冊空間設計

圖片提供 © 兩冊空間設計

475+476 鮮明傢具色彩躍升空間主角

屋主對於居家選品有自我的喜好與設定，
設計師試著將其融入空間設計之中，以中
性灰為空間打底，成為駝色與鐵灰沙發的
最佳映襯角色，讓沙發恣意展現風采。

TIPS〉無色階的空間裡，讓傢具成為空間色
調主角，帶有皺褶的沙發與木桌紋理，也因
此更鮮明。

477

478

圖片提供 © 澄橙設計

477+478 用顏色描繪個人生活主張

因為屋主為空姐，設計師用天藍色為主色，並以北歐 Loft 風為設計主軸，輕淺天空藍色與鮮明粉藍色單椅，連結使用者習慣的色系，讓在臥房休息時得到最完全的自在放鬆。

TIPS〉運用壁燈與嵌燈投射溫暖光線，讓天空藍為基調的寢區更具和緩氣圍，創造舒眠場域。

479

圖片提供 © 甘納空間設計

479 白色基底勾勒旅店時尚風

有得天獨厚的山景條件，將三房格局重新配置為一大主臥與小孩房，設計師運用白色系修飾稜角與柱子，不同開口尺度的窗戶則以落地窗簾作整合，再結合紫色調傢具、軟件跳色，讓空間具有層次感。

TIPS〉白色系主臥空間，以不同深淺的紫色與灰階草綠色，描繪極具風格的空間和諧色感。

圖片提供 © 澄橙設計

480

圖片提供 ⓒ 巢空間室內設計

480 暖色物件為粗獷空間添溫度

粗獷的客廳風格，必須透過軟件擺飾來做
為調和，避免難以親近的距離感，大地色
系的沙發與木百葉，色調上能與整體風格
相互搭配，材質上同樣可作為客廳相對較
溫馨的陪襯者。

TIPS〉粗糙磚牆的空間勾勒下，暖調的棕色
沙發、木百葉細緻材質，為空間帶來質地上
的平衡。

481 沉穩材質色詮釋質樸東方味

因應女屋主有寫書法需求，設計師特為她
建構具東方風采的書房空間，厚實的深色
實木桌椅，搭配一盞棕色紙編吊燈，營造
適合書寫閱讀沉穩空間調性。

TIPS〉平滑的實木桌與編織纏繞的燈飾，光
源照射下，更加凸顯兩者的紋理與細節。

481

圖片提供 ⓒ 石坊空間設計研究

圖片提供 © 石坊空間設計研究

482 皮革跳色餐椅醞釀空間溫度與質感

添加深色木頭素材的餐廚空間，染色實木
餐桌，呼應木質廚具；而磚紅色皮革椅，
為一家人齊聚的空間增添溫度外，也與走
廊一側的法拉利紅色牆面有所串聯，鮮活
空間調性。

TIPS〉選用皮革材質的餐桌椅，考量便於清
潔整理外，透過皮革的觸感與色澤，加乘了
空間質感與品味。

483

483 紅與綠交疊視覺衝突美學

為了不浪費大面開窗的良好採光與綠景，
設計師選以湖水綠餐櫃將戶外綠色元素植
入居家，搭配紅色餐桌吊燈，為淨白空間
增添綠意盎然與視覺對比的趣味性。

TIPS〉反差大的紅布飾吊燈與湖水綠櫃體置
於同一區塊，在燈光色溫變化下，演繹出多
重色感的視覺美學。

圖片提供 © 石坊空間設計研究

484

圖片提供 ⓒ 地所設計

485

圖片提供 ⓒ 地所設計

484+485 自然綠樹木感延伸大地意象

三面採光且被綠意包圍的獨棟別墅，室內主以白、黑、木色打底，綴以墨綠色壁面、地毯與窗景相呼應，自木頭顏色延伸出的大地色，輔以綠色地毯，搭配出豐富層次感，光影映照下，更添自然舒適的明亮感。

TIPS〉立面的墨綠樹形樣態向兩側延伸，搭以空間木頭色調及大地色系延伸的傢俱配置，於光線照映下，有了明亮與深色調的對比，透出沉穩氛圍。

486

圖片提供 © 大湖森林設計

487

圖片提供 © 大湖森林設計

486+487 土耳其藍創造耐人尋味亮點

空間中設計師大量運用材質於天、地、壁的修飾，在有限的立面端景裡形塑無限的寬闊、大器格局，然而在石紋、木紋多元色彩拼接之外，巧妙運用完全跳色的土耳其藍絨沙藍裝飾，也讓空間更添出塵韻致。

TIPS〉 空間裡不只是木紋與石紋呈現線條排列，就連土耳其藍沙發也大玩線條紋理，串聯起空間線性排列的趣味性。

488

圖片提供 © 明代室內裝修設計有限公司

488 休閒草綠的一抹輕鬆慵懶

繁忙一天總期待回家能徹地放鬆心情，良好的採光灑亮一室，特以青草綠經典單椅營造出慵懶氣息，搭配俐落黑色立燈，又添上現代簡約的氛圍。

TIPS〉 走自然系的空間，青草綠單椅的配置，呼應著木質地板與黑板漆牆色調，營造和諧自然氣息。

圖片提供 © 子境空間設計

489 黑白對比空間裡的時尚亮點

牆面、天花板以白色乳膠漆來鋪排,而區隔客廳與臥房的黑色格柵拉門,帶出強烈的黑白對比,綴以單亮點的傢具鮮明色彩,創造現代且俐落的韻味。

TIPS〉 強烈的黑白雙色對比空間,以灰沙發平衡其中,搭上紫色抱枕及醒目的馬卡龍藍躺椅,平滑細緻質地與色調,亦凸顯出現代時尚風範。

490

491

圖片提供 © 大湖森林設計

圖片提供 © 大湖森林設計

490+491 融入光線的空間色彩計畫

空間的配色，有時並不只在於色彩，而是要將光線融合，本案左右兩邊大塊落地窗採光佳且有自然綠蔭美景，以固定式百葉引光入室，運用不同的材質白呼應著光照，再適時以跳色的沙發、軟裝作為畫龍點睛調和，空間中的美渾然天成。

TIPS〉當陽光從百葉窗篩落至地面，即是最有趣天然的紋理。

492 揉合草綠與深褐色調的沉穩風

想豐富白底、木邊框的北歐居色彩，活用傢具傢飾就能輕鬆實現。運用草綠色與深褐色錯綜交疊編織，創造多彩的視覺豐富性，穩重色調以及沉穩的定性。

TIPS〉在各個角落賦予沉穩色系擺設，讓明亮空間有安定效果。

492

圖片提供 © 明代室內裝修設計有限公司

493

493 以線條色調轉化空間屬性

水藍色的花草壁紙鋪陳的男孩房，卻沒有過於可愛的嬌氣，以深藍色的床頭與窗簾呼應，統一空間視覺，又呈現中性的質韻。

TIPS〉為平衡花草壁紙定調的空間，擺放偏灰藍色橫紋抱枕織品，調性統一之餘，又以帶灰階色調與圖紋呈現爽朗氣息。

圖片提供 © 明代室內裝修設計有限公司

494

圖片提供 © 森境＆王俊宏室內裝修設計工程

495

圖片提供 © FUGE 馥閣設計

494 鮮明軟裝點亮沉靜空間調性息

開闊的室內格局，將客餐廳合併處理設計，僅以大面黑色主牆形塑視覺立面，同時也隱性成為界定兩個空間的位置，鮮明的黃色掛畫與抱枕，醒目的攏聚焦點。

TIPS〉黑色主牆輔以鮮明色彩的壁畫，讓視覺有了聚焦效果，再輔以同色調抱枕作搭配。

495 層次擺飾手法，豐富床的色彩表情

襯著灰白櫃牆的靜謐臥室，如何更有味道？增添一點色彩的抱枕擺放就能輕鬆做到，以鮮明的藍與黃拉攏視覺焦點，也賦予空間舒適、放鬆的氣息。

TIPS〉以前後放置、層次堆疊手法擺放抱枕，營造景深與層次感，選用相同紋路、不同的藍黃色彩，豐富且平衡空間調性。

496

圖片提供 © 大湖森林設計

496 軟裝調和材質創造沉靜端景

設計師以較多自然材質描繪空間中的大器質感，由於客廳規模較大，又不想以牆面阻隔光線，因此以半腰石牆作為客廳與書房的絕妙分隔，乾淨溫暖的米白色沙發，適時調和山石材質的硬朗之感，能給予家人撫慰的力量。

TIPS〉造型半腰石牆展現沉穩力道，在不阻隔光線之下也成功劃分兩邊區域的界定。

497 沉穩灰階次第，展現雅致內斂氣韻

靜謐的白構空間，以灰階主牆賦予空間安定調性，自灰階延伸出深灰沙發與深藍地毯，更為空間加成出穩重大器之態。

TIPS〉恣意揮灑入室的陽光，為空間繪上一抹光彩，湛藍的窗簾呼應居家擺設調性，延續內斂質地的表現。

圖片提供ⓒW&Li Design 十穎設計有限公司

圖片提供ⓒ懷生國際設計

圖片提供 © FUGE 馥閣設計

500

圖片提供 © FUGE 馥閣設計

498 宮廷浮雕、藍白跳色營造歐美旅店風格

此案在公領域空間以豐富的材質與色調創造衝突間又相互平衡的美感，用純色俐落線條為基底，納進色調鮮豔、花色大膽的佈置；私領域空間以藍白跳色妝點純白空間，為寢區帶出活潑調性。

TIPS〉宮廷式浮雕展現於臥房背牆，且利用藍白跳色軟裝營造歐式風格。

499+500 清新鵝黃表述北歐繽紛意象

設計師將北歐鄉村風自公領域一路延伸到主臥設計，利用跳色牆面帶出北歐的繽紛意象，床頭背板的穩重大海藍，營造舒眠氛圍，對應鵝黃衣櫃與鮮黃單椅帶來的明亮視覺，讓原本窄小的空間視覺延伸，更與戶外陽光呼應。

TIPS〉鵝黃色衣櫃與窗台鮮黃單椅相互呼應，映襯大地色系的寢飾抱枕，多層次的色調為純白空間更添暖意。

IDEAL HOME 59

設計師不傳的私房秘技
空間配色 500

作　　者｜漂亮家居編輯部
責任編輯｜高毓霙
文字編輯｜李亞陵、施文珍、許嘉芬、陳婷芳、曾令愉、蔡竺玲、
　　　　　黃婉貞、劉亞涵、鄭雅分、李與真、高毓霙
封面設計｜鄭若誼
版型設計｜鄭若誼
美術設計｜鄭若誼、白淑貞、王彥蘋、黃昀嘉

發 行 人｜何飛鵬
總 經 理｜李淑霞
社　　長｜林孟葦
總 編 輯｜張麗寶
副總編輯｜楊宜倩
叢書主編｜許嘉芬

出　　版｜城邦文化事業股份有限公司 麥浩斯出版
地　　址｜104 台北市中山區民生東路二段 141 號 8 樓
電　　話｜02-2500-7578
傳　　真｜02-2500-1916
E - m a i l｜cs@myhomelife.com.tw
發　　行｜英屬蓋曼群島商家庭傳媒股份有限公司城邦分公司
地　　址｜104 台北市民生東路二段 141 號 2F
讀者服務電話｜02-2500-7397；0800-033-866
讀者服務傳真｜02-2578-9337
訂購專線｜0800-020- 299（週一至週五上午 09:30 ～ 12:00；下午 13:30 ～ 17:00）
劃撥帳號｜1983-3516
劃撥戶名｜英屬蓋曼群島商家庭傳媒股份有限公司城邦分公司

香港發行 城邦（香港）出版集團有限公司
地　　址｜香港灣仔駱克道 193 號東超商業中心 1 樓
電　　話｜852-2508-6231
傳　　真｜852-2578-9337
電子信箱｜hkcite@biznetvigator.com

馬新發行城邦（馬新）出版集團 Cite(M) Sdn.Bhd.（458372U）
地　　址｜11,Jalan 30D ／ 146, Desa Tasik, Sungai Besi,
　　　　　57000 Kuala Lumpur, Malaysia.
電　　話｜603-9057-8822
傳　　真｜603-9057-6622

總 經 銷｜聯合發行股份有限公司
電　　話｜02-2917-8022
傳　　真｜02-2915-6275
製　　刷｜凱林彩印股份有限公司
印　　刷｜凱林彩印股份有限公司
版　　次｜2024 年 1 月初版 6 刷
定　　價｜新台幣 450 元
Printed in Taiwan 著作權所有• 翻印必究
ISBN 978-986-408-398-5（平裝）

國家圖書館出版品預行編目 (CIP) 資料

設計師不傳的私房秘技：空間配色 500 /
漂亮家居編輯部作 . -- 初版 . -- 臺北市：
麥浩斯出版：家庭傳媒城邦分公司發行，
2018.07
　面；　公分 . -- (Ideal home ; 59)
ISBN 978-986-408-398-5(平裝)

1. 家庭佈置 2. 室內設計 3. 色彩學

422.5　　　　　　　　　　107010710